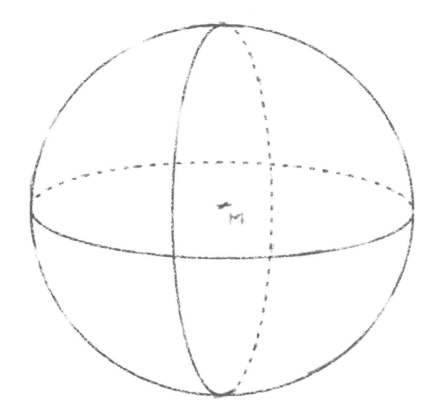

Das Mathematikbuch 8

Lernumgebungen

von
Walter Affolter
Guido Beerli
Hanspeter Hurschler
Beat Jaggi
Werner Jundt

Rita Krummenacher
Annegret Nydegger
Beat Wälti
Gregor Wieland

bearbeitet von
Ingrun Behnke, Witten
Lothar Carl, Detmold
Katrin Eilers, Hannover
Barbara Krauth, Darmstadt
Eckhard Lohmann, Hamburg
Hartmut Müller-Sommer, Vechta
Matthias Römer, Saarbrücken

Ernst Klett Verlag
Stuttgart · Leipzig

Das Mathematikbuch 8, Lernumgebungen

Begleitmaterial:
Das Mathematikbuch – Arbeitsheft (ISBN 978-3-12-700182-2)

1. Auflage   1 ⁵ ⁴ ³ ² ¹ | 14 13 12 11 10

Alle Drucke dieser Auflage sind unverändert und können im Unterricht nebeneinander verwendet werden.
Die letzte Zahl bezeichnet das Jahr des Druckes.

© Titel der Originalausgabe: **mathbu.ch 8,** Klett und Balmer AG, Verlag, Zug, und schulverlag blmv AG, Bern, 2003.
Einige Lernumgebungen sind dem mathbu.ch 9 entnommen, Klett und Balmer AG, Verlag, Zug und schulverlag blmv AG, Bern, 2004.
© dieser Ausgabe: Ernst Klett Verlag GmbH, Stuttgart 2010. Alle Rechte vorbehalten. www.klett.de

Autorinnen und Autoren: Walter Affolter, CH-Steffisburg; Ingrun Behnke, Witten; Guido Beerli, CH-Maisprach; Lothar Carl, Detmold; Katrin Eilers, Hannover; Hanspeter Hurschler, CH-Eschenbach; Beat Jaggi, CH-Biel; Werner Jundt, CH-Bern; Barbara Krauth, Darmstadt; Rita Krummenacher, CH-Adligenswil; Eckhard Lohmann, Hamburg; Hartmut Müller-Sommer, Vechta; Annegret Nydegger, CH-Wichtrach; Matthias Römer, Saarbrücken; Beat Wälti, CH-Thun; Gregor Wieland, CH-Wünnewil

Redaktion: Annegret Weimer, Martina Müller
Mediengestaltung: Jörg Adrion
Umschlaggestaltung: Daniela Vormwald

Layoutkonzeption: Anika Marquardsen, Berlin
Illustrationen: Uwe Alfer, Waldbreitbach
Satz: Satzkiste GmbH, Stuttgart
Reproduktion: Meyle + Müller Medien-Management, Pforzheim
Druck: Offizin Andersen Nexö, Leipzig

Printed in Germany
ISBN 978-3-12-700181-5

9 783127 001815

Liebe Schülerin, lieber Schüler,

willkommen in der 8. Klasse! Im Mathematikunterricht hast du schon vieles gelernt. Vielleicht hast du aber auch das eine oder andere vergessen. Die ersten Seiten des Mathematikbuchs helfen dir, dich zu erinnern und einiges zu wiederholen. Viele Begriffe aus Klasse 5, 6 und 7 sowie alle neuen findest du auch zum Nachschlagen im Lexikon.

Im 8. Schuljahr lernst du mit Termen zu rechnen und Gleichungen zu lösen. Es erwarten dich Themen wie Kornkreise, Handytarife und Bildfahrpläne; du wirst dich mit proportionalen und linearen Zusammenhängen zwischen verschiedenen Größen befassen. Und wenn du einmal etwas versäumt hast, kannst du im Inhalt auf Seite 78/79 nachschlagen, was die anderen gelernt haben. Erklärungen findest du im Lexikon ab Seite 80.

Miteinander lernen

Mit anderen zusammen lernen macht oft mehr Spaß, als allein an den Aufgaben zu sitzen. Die anderen können dir helfen, wenn du etwas nicht verstehst. Oder du erklärst ihnen etwas. Im Mathematikbuch 8 sind wieder viele Aufgaben gemeinsam zu lösen.

Das versteh ich nicht!

Manchmal wirst du etwas nicht auf Anhieb verstehen. So geht es anderen auch. Gib nicht auf. Geh nicht einfach darüber hinweg, als ob nichts wäre. Lies die Aufgabe nochmals aufmerksam durch. Mach dir vielleicht eine Zeichnung dazu, besprich sie mit jemandem aus der Klasse oder frag deine Lehrerin oder deinen Lehrer.

Besondere Aufgaben

Im Mathematikbuch 7 hast du schon Aufgaben zum Übersetzen der Wirklichkeit in Mathematik kennen gelernt. In Lernumgebung 6 geht es um Probleme und wie man sie löst. Solche Fragen sind auch im Mathematikbuch 8 und 9 besonders gekennzeichnet.

Werkzeuge

In den nächsten Jahren wirst du immer öfter den Taschenrechner oder eine mathematische Software, wie Tabellenkalkulation, Funktionenplotter oder dynamische Geometriesoftware, auf deinem Rechner benutzen. Wichtig ist, dass du entscheiden lernst, wann sich der Einsatz eines Werkzeugs lohnt.

Im Internet findest du ergänzende Materialien zu den Aufgaben der Lernumgebungen. Einfach auf die Webseite www.klett.de gehen und die entsprechende Nummer in das Feld „Suche" (oben auf der Seite) eingeben. Unter 700181-0000 findest du eine Übersicht über die Materialien. Wenn du zuhause keinen Internetanschluss hast, kopiere dir in der Schule die Materialien für zuhause.

Vielleicht ist Mathematik dein Lieblingsfach, vielleicht auch nicht. Wir möchten, dass du mit dem Mathematikbuch möglichst viel und gerne lernst.
Wir hoffen, dass du mit diesem Buch viele Entdeckungen im Reich der Zahlen und Figuren machen kannst. Wir wünschen dir viel Spaß.

[1] Knifflige Aufgaben haben helle Aufgabenkästchen oder graue Teilaufgabenbezeichnungen (**b.**)

[L] *Dieser zusammenfassende Kommentar gibt einen Überblick, was ihr hier lernt.*

Inhalt Seite 78/79

Lexikon ab Seite 80

Eine Kasse bedeutet: Aufgabe zum Mathematisieren.

Ein Zauberwürfel bedeutet: Aufgabe zum Problemlösen.

Ein Laptop bedeutet: Aufgabe, die mit Taschenrechner oder Rechner bearbeitet werden kann.

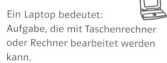

Online-Link
700181-0000
Übersicht

Zuordnung der Lernumgebungen zu den Leitideen

In vielen Lernumgebungen werden mehrere Leitideen angesprochen. Genannt sind sie hier nur unter der wichtigsten Leitidee (lila) und unter der zweitwichtigsten Leitidee (grau).

Zahl

Messen

Einen Überblick über die mathematischen Begriffe, die in den Lernumgebungen erarbeitet werden, findet man im **Inhalt** ab Seite 78. Dort findet auch die Ausweisung fakultativer Inhalte statt. Ein **Lexikon der mathematischen Begriffe** zum Nachschlagen steht auf den Seiten 80 bis 92.

Raum und Form

Funktionaler Zusammenhang

Daten und Zufall

Ist die Prepaidkarte deines Handys leer? Neue Klamotten brauchst du auch? Bist du schon älter als 13? Einige von euch haben sicher schon über einen Nebenjob nachgedacht.

Zeitungsausträger/innen gesucht
Der Verlag dieser Zeitung sucht drei Jugendliche für das Austragen der Zeitung am Sonntag.
Vergütung: 2,2 ct pro Zeitung.
Pro Person ungefähr 500 Exemplare.
Meldet euch unter:
0 52 31/3 28 16

Gesucht: **Babysitter**, der/die zweimal pro Woche am Abend auf unser Kind (2 Jahre) aufpasst. 6 €/h.
Melde dich unter:
03 22/1 91 71 40

Suche dringend
Nachhilfe in Englisch.
Klasse 7.
Preis nach Vereinbarung.
choep@gmx.de

Wir suchen junge Menschen, die einmal pro Woche die Gratiszeitung „Hallo Sonntag" verteilen.
Verdienst: 5 € pro Stunde
Aufwand: etwa 2,5 Stunden pro Woche
Interessiert? Dann melde dich unter 0 23 50/2 74 72.

1 Informiert euch, welche Nebenjobs ihr bereits übernehmen dürft. Zu welchem Nebenjob hättest du Lust? Siehst du auch Nachteile? Begründe.

2
a. Vergleicht die drei Angebote oben miteinander.
   Was glaubst du, mit welchen Verdiensten du rechnen kannst, wenn du die Schule und deine Erholung nicht vernachlässigst?
b. Entwerft eine Antwort auf eine der obigen Anzeigen.

3 Vergleicht nebenstehendes Angebot mit dem „Zeitungsausträger/innen gesucht" oben.

4 Stellt Kriterien auf, die für euch bei der Auswahl eines Nebenjobs wichtig sind.

5 In Eilersfeld (siehe rechte Seite und Kopiervorlage) soll zukünftig eine Gratiszeitung verteilt werden. Alle Haushalte sollen eine Zeitung erhalten. Dies soll möglichst geschickt organisiert werden.
a. Überlegt euch Kriterien, die bei der Organisation wichtig sind.
b. Erstellt nun einen Plan, wie ihr das Austragen der Zeitungen organisieren könntet. Begründet eure Entscheidungen.
c. Vergleicht eure Organisationspläne.

Online-Link
700181-0101
Stadtplan

Welche Strecke legt eine Briefträgerin bzw. ein Briefträger während ihres bzw. seines Berufslebens beim Verteilen der Post in einer Großstadt etwa zurück?

L *Informationen mit mathematischen Hilfsmitteln verarbeiten (mathematisieren).*
Kürzeste Wege planen.

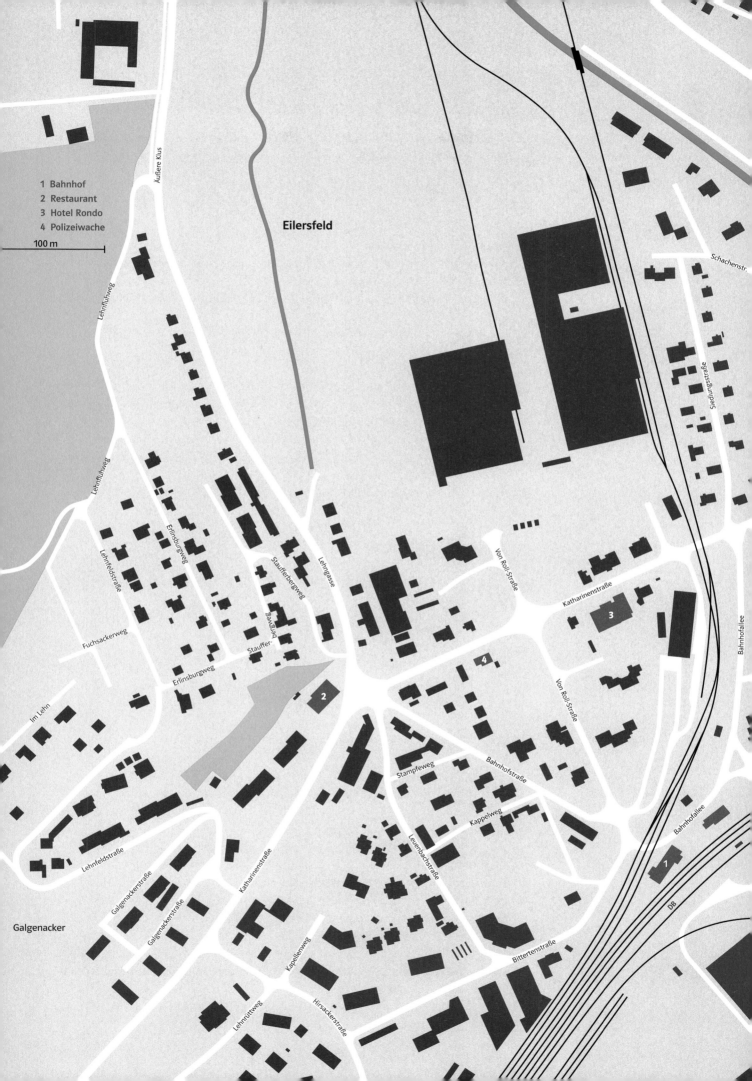

Eilersfeld

1 Bahnhof
2 Restaurant
3 Hotel Rondo
4 Polizeiwache

100 m

Galgenacker

Außere Klus
Lehnfluhweg
Lehnfluhweg
Erlinsburgweg
Lehnfeldstraße
Fuchsackerweg
Erlinsburgweg
Stauffer-
Staufferbergweg
Bergweg
Lehngasse
Im Lehn
Lehnfeldstraße
Galgenackerstraße
Galgenackerstraße
Katharinenstraße
Kapellenweg
Lehnrüttweg
Hirsackerstraße
Stampfeweg
Leuenbachstraße
Kappelweg
Bahnhofstraße
Von Roll-Straße
Von Roll-Straße
Katharinenstraße
Schachenstr.
Siedlungsstraße
Bahnhofallee
Bahnhofallee
Bittertenstraße
DB

2
3
4
1

Einfache Gegenstände können sich die meisten Menschen im Kopf vorstellen. Sobald Körper aber verändert oder bewegt werden, stößt man an die Grenzen des Raumvorstellungsvermögens. Training kann diese Fähigkeit verbessern.

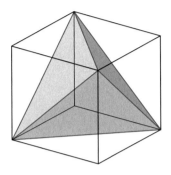

Eigenschaften eines Tetraeders

1 Zieht man in jeder Seitenfläche eines Würfels eine Flächendiagonale, erhält man ein Tetraeder. Tetraeder sind spezielle Pyramiden.

a. Betrachte das links abgebildete Tetraeder genau. Welche Eigenschaften hat das Tetraeder?

b. Vergleiche deine Ergebnisse mit deinem Nachbarn.

c. Zeichne Netze des Tetraeders. Wie viele verschiedene Netze gibt es?

2 Fertige ein Modell des oben abgebildeten Würfels mit einem eingesetzten Tetraeder an. Der Würfel soll eine Kantenlänge von 6 cm haben. Um das Tetraeder hineinsetzen zu können, soll der Würfel oben offen sein.
Zeichne zunächst ein Würfelnetz und ein Netz des dazugehörigen Tetraeders. Berücksichtige die notwendigen Klebekanten. Jetzt kannst du das Modell anfertigen.

3 Stelle nach der Anleitung eine Tetrapackung her.

4

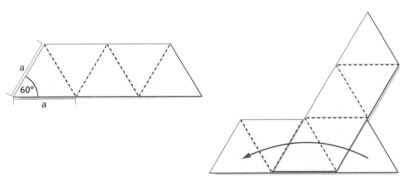

a. Zeichne zwei solche Streifen und schneide sie aus. Knicke die beiden Streifen entlang der gestrichelten Linien nach oben.

b. Lege die beiden Streifen wie in der Abbildung zu sehen aufeinander. Bringe die beiden äußeren Dreiecke des waagrechten Streifens zur Deckung. Dann entsteht ein Tetraeder, bei dem allerdings noch eine dreieckige Lasche übersteht. Mit dieser Lasche kann man das Tetraeder schließen, indem man sie in den passenden Schlitz hineinschiebt.

Tipp
Wenn du Fachbegriffe, wie hier z.B. „Netz" nicht mehr kennst, findest du im Lexikon (ab S. 80) Erklärungen.

L | *Raumvorstellungsvermögen weiterentwickeln.*

5 Aus einem massiven Würfel kann ein Tetraeder durch vier Schnitte herausgetrennt werden.

a. Beschreibe die Form der weggeschnittenen Körper.

b. Zeichne Netze dieser Körper.

c. Stelle mehrere solcher Körper her.

d. Kombiniert gemeinsam zwei, vier oder acht dieser Körper zu einem neuen. Beschreibt jeweils die Eigenschaften des neu entstandenen Körpers.

6 Ein Tetraeder mit den beschrifteten Ecken 1, 2, 3, 4 steht auf der Startposition S wie in der Abbildung. Es wird jeweils um eine Kante in das nächste Feld gekippt (Kopiervorlage).

Online-Link 700181-0201 Kopiervorlage

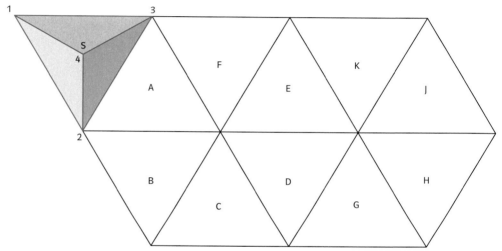

a. Ein Weg führt vom Start über die Felder A, B, C nach D. Welche der Tetraederecken ist jeweils oben?

b. Wie ist es, wenn aus der Startposition S wie folgt gekippt wird: S – A – F – E – D?

c. Zwei Wege führen von S nach J: S – A – F – E – K – J und S – A – B – C – D – G – H – J. Welche Ecke liegt jeweils, bei J angekommen, oben?

d. Untersuche andere Wege von S nach J. Halte deine Ergebnisse schriftlich fest.

7 Im links abgebildeten Tetraeder sind vier Kantenmitten markiert worden. Ein ebener Schnitt durch diese vier Punkte teilt das Tetraeder in zwei kongruente Teilkörper.

a. Begründe, dass die vier Kantenmitten die Ecken eines Quadrates sind.

b. Zeichne ein Netz der enstandenen Teilkörper.

c. Stelle zwei solche Teilkörper her. Kann deine Nachbarin oder dein Nachbar die beiden Teilkörper wieder zu einem Tetraeder zusammensetzen?

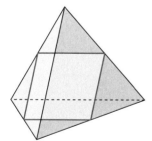

Buchstaben in Gleichungen sind wie verpackte Zahlen. Wenn du sie auspacken kannst, weißt du, für welche Zahlen sie stehen.

Auspacken durch Ersetzen von Gleichungen

1 Wie in der Lernumgebung „Knack die Box" bedeutet x die Anzahl Hölzchen in einer Schachtel und es gilt:

1. In jeder Schachtel sind gleich viele Hölzchen.
2. Auf beiden Seiten des Gleichheitszeichens sind jeweils gleich viele Hölzchen.

a. Wie kommst du von der ersten Anordnung zu der zweiten? Welche Gleichung passt jeweils dazu?

b. Wie hängt die nächste Anordnung mit der vorherigen zusammen? Welche Gleichung passt dazu?

c. Wie hängt diese Anordnung mit der nächsten zusammen? Welche Gleichung passt dazu?

d. Jetzt weißt du, wie viele Hölzchen in jeder Schachtel sein müssen. Überprüfe die Lösung bei allen vier Gleichungen. Begründe, warum dies für alle Anordnungen gilt.

2 Was passiert, wenn du bei der ersten Anordnung oben von beiden Seiten die Hälfte nimmst? Suche und beschreibe mit diesem Anfang einen Weg zur letzten Anordnung.

3 Suche zu den folgenden Gleichungen andere, welche jeweils die gleichen oder keine oder mehrere Lösungen haben.

a. $4x + 18 = 2x + 24$ **b.** $4x + 18 = 6x + 2$

c. $6x + 2 = 2x + 24$ **d.** $5x + 3 = 2x + 24$

e. $2 \cdot (2x + 4) = 4 \cdot (x + 2)$ **f.** $2 \cdot (x + 6) = 4 \cdot (x + 1)$

g. $(4x + 6) : 2 = x + 3$ **h.** $(6x + 9) : 3 = 2x + 5$

i. Erfinde eigene Gleichungen, auch solche mit keiner oder mehreren Lösungen. Gib sie Mitschülerinnen oder Mitschülern zum Lösen.

Tipp
Wenn du Fachbegriffe, wie hier z. B. „Term" oder „Gleichung" nicht mehr kennst, kannst du im Lexikon (ab S. 80) nachschlagen.

L *Gleichungen durch Umformen lösen.*

I
Zu beiden Termen wird dieselbe Zahl addiert.

II
Von beiden Termen wird dieselbe Zahl subtrahiert.

III
Zu beiden Termen wird derselbe Term addiert.

IV
Von beiden Termen wird derselbe Term subtrahiert.

V
Beide Terme werden mit derselben Zahl multipliziert.

VI
Beide Terme werden durch dieselbe Zahl dividiert.

VII
Der Term auf einer Seite wird durch Umformung in seiner Darstellung verändert oder vereinfacht.

Tipp
So packt man aus:
Beim Auspacken können die Tätigkeiten in **Kurzform** notiert werden:

$4x + 16 = 8x \quad | : 4$
$\quad x + 4 = 2x \quad | - x$
$\qquad 4 = x$

- - - - - - - - - - - - - - -

Äquivalenzumformungen
Gleichungen, welche die gleichen Lösungen haben, heißen **gleichwertig (äquivalent)**.
Eine Gleichung kannst du lösen, indem du sie durch gleichwertige einfachere Gleichungen ersetzt, bis du in der einfachsten Gleichung die Lösung siehst.
Die Schritte, die dabei erlaubt sind, heißen **Äquivalenzumformungen**.

- - - - - - - - - - - - - - -

Tipp
Du siehst die erlaubten Schritte oben auf den gelben Kärtchen. Aber Achtung: mit Null multiplizieren oder durch Null dividieren kann die Lösung verändern!

Gleichungen aufstellen durch Verpacken

4 Die Zahl 4 wird verpackt.

$$x = 4$$
1. Verpacken $\quad | \cdot 3 \qquad 3 \cdot x = 3 \cdot 4$
$$3x = 12$$
2. Verpacken $\quad | + 2 \qquad 3x + 2 = 12 + 2$
$$3x + 2 = 14$$

a. Beschreibe das Verpacken in Worten.
b. Packe die Zahl 4 wieder aus, indem du den Weg rückwärts gehst.
c. Welche der Tätigkeiten I bis VII brauchst du zum Ein- und Auspacken?

5 Die Zahl 4 wird anders verpackt.

$$x = 4$$
1. Verpacken $\quad | - x \qquad x - x = 4 - x$
$\qquad$| Term umformen $\qquad 0 = 4 - x$
2. Verpacken $\quad | + (x + 8) \qquad x + 8 = 4 - x + (x + 8)$
$\qquad$| Term umformen $\qquad x + 8 = 12$

> **Probe: 4 einsetzen**
> $0 = 0$
> $12 = 12$
> $12 = 12$

a. Welche der Tätigkeiten I bis VII brauchst du zum Ein- und Auspacken?
b. Die Zahl 4 kannst du auch in einem Schritt auspacken. Wie gehst du vor?

6
a. Verpacke selbst einige Zahlen und gib sie Mitschülerinnen und Mitschülern zum Auspacken.
b. Finde auch Verpackungen für Gleichungen, die keine oder viele Lösungen haben. Wie gehst du dabei vor?

7 Hannes hat wie folgt verpackt:

$$x = 5$$
1. Verpacken $\quad | \cdot (x - 1) \qquad x \cdot (x - 1) = 5(x - 1)$
Termumformung $\qquad x^2 - x = 5x - 5$

Tina probiert aus, um Lösungen zu finden. Erstaunt stellt sie fest:
„Deine Gleichung hat 2 Lösungen!"
a. Welche sind das? Woran liegt das?
b. Finde ähnliche Verpackungen, bei denen sich die Anzahl der Lösungen „vergrößert". Finde auch die Lösungen. Was fällt dir auf?

8 Schreibe einen kleinen Bericht über Äquivalenzumformungen und darüber, woran du erkennst, ob Gleichungen genau eine, keine, beliebig viele oder genau zwei Lösungen haben.

Im Straßenverkehr werden Steigungen in Prozent ausgedrückt. Man kann Steigungen auch durch Neigungswinkel oder durch Verhältnisse angeben.

Steile Keile

1

a. Stellt aus Karton Keile mit verschiedenen Steigungen her und beschriftet sie.

b. Schiebt die Keile (Dreiecke) bis zum Anschlag unter den Buchdeckel des Mathematikbuches. Legt verschiedene Gegenstände auf den Buchdeckel.
Bis zu welcher Steigung bleiben sie liegen, wann rutschen oder rollen sie?
Protokolliert und vergleicht.

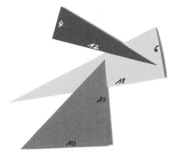

Beim roten Keil beträgt die Steigung der dritten Seite $10:10$ (sprich: zehn zu zehn) oder $\frac{10}{10}$ oder 1 oder $100\% \triangleq \frac{100}{100}$.

Bei gleicher Steigung der **Steigungsdreiecke** ist auch das Verhältnis der Seitenlängen am Dreieck gleich.

c. Welcher Neigungswinkel (siehe Grafik zu Aufgabe 2) gehört zu welcher Steigung? Messt und erstellt eine Tabelle.

d. Zeichnet einen Graph zu den Werten aus c. Ist die Zuordnung proportional?

Steile Treppen

2

a. Zeichne diese Treppe (ohne Geländer) maßstabgetreu ins Heft. Bestimme die Steigung als Bruch, als Dezimalbruch und in Prozent. Miss den Neigungswinkel.

b. Wie groß sind die Steigungen der Treppen in eurer Schule? Macht Skizzen mit Maßangaben und beschreibt euer Vorgehen. Vergleicht die Ergebnisse.

Tipp
Wenn du Fachbegriffe, wie hier z. B. „proportionale Zuordnung" nicht mehr kennst, findest du im Lexikon (ab S. 80) Erklärungen.

Neigungswinkel
α

L *Steigungen in unterschiedlichen Sachverhalten und Zusammenhängen erfahren und bestimmen.*

Bahn	Rüdesheimer Seilbahn	Hochschwarzeck-Bahn	Hammetschwandlift	Kölner Seilbahn	Stümpflingbahn
	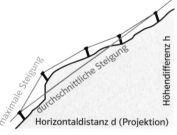				
Typ	Einseilumlaufbahn	Bergbahn	Lift	Zweiseilumlaufbahn	Sessellift
Talstation	93 m ü. NN	1030 m ü. NN	962 m ü. NN	39 m ü. NN	1115 m ü. NN
Bergstation	296 m ü. NN	1390 m ü. NN	1115 m ü. NN	39 m ü. NN	1480 m ü. NN
Fahrstrecke	1400 m	1200 m	153 m	930 m	1559 m
Fahrzeit	10 Minuten	12–15 Minuten	1 Minute	6 Minuten	5,5 Minuten
Förderlast	720 Personen/ Stunde	720 Personen/ Stunde (im Winter)	360 Personen/ Stunde	1600 Personen/ Stunde	2200 Personen/ Stunde
Geschwindigkeit	k. A.	max. 2 m/s	3,1 m/s	2,8 m/s	5 m/s

Eine Bahn verläuft in der Regel nicht in jedem Streckenabschnitt gleich steil.

3

a. In welchen Bundesländern befinden sich die einzelnen Seilbahnen?

b. Vergleiche die Daten.

c. Bestimme die durchschnittliche Steigung der einzelnen Bahnen.

d. Zeichne zu jeder Bahn ein Steigungsdreieck mit deren durchschnittlicher Steigung und bestimme jeweils den Neigungswinkel.

e. Beurteile die angegebenen Geschwindigkeiten.

f. Die Kölner Seilbahn gibt eine maximale Steigung von 40 % an. Versuche zu erklären.

g. Wie lang müsste ein Wanderweg mit maximal 5 % Steigung ungefähr sein, der die Höhendifferenz des Hammetschwandlifts überwindet?

h. Erfindet selbst Aufgaben zu den einzelnen Daten.

4 Das Achterbahn-Modell Euro-Fighter 500/8 ist derzeit das steilste Modell. Die erste Achterbahn dieses Typs war die Vild-Svinet (Wildschwein) in Dänemark. Die Vild-Svinet ist mit einem Gefälle von 97° die steilste Achterbahn der Welt. Die Vild-Svinet besitzt vier zweigliedrige Wagen, in denen jeweils acht Personen Platz haben. Inzwischen gibt es weitere Achterbahnen vom Typ Euro-Fighter.

Einige Informationen zur Vild-Svinet:

• Die Länge der Achterbahn beträgt 430 Meter

• Die Höchstgeschwindigkeit beträgt 74 km/h

• Mitfahren können alle über 125 cm Körpergröße

• Bei der Abfahrt wird man $3 \cdot g$ ausgesetzt

a. 97° Gefälle – zeichne ein Modell des Gefälles und bestimme die Steigung in Prozent.

b. Wie lange dauert die Fahrt mit der steilsten Achterbahn der Welt ungefähr? Begründe deine Rechnung.

c. Wisst ihr, was die Erdbeschleunigung g beschreibt? Recherchiert, was $3 \cdot g$ bedeutet.

Wahrscheinlich denkst du, dass das Thema Steuern und Abgaben nur die Erwachsenen betrifft. Aber schon wenn du beispielsweise einen MP3-Player kaufst, zahlst du Steuern und Abgaben.

Die **Mehrwertsteuer** (MwSt.) ist eine indirekte Steuer, die in Deutschland bei jedem Austausch von Leistungen, also auch bei jedem Kauf, prozentual erhoben wird. Zur Berechnung gibt es einen Normalsatz und einen ermäßigten Satz, der hauptsächlich für Lebensmittel gilt. Die Höhe der Steuer wird von der jeweiligen Regierung festgelegt.

1 Kim kauft im Technik-Discount ein: Laserdrucker 99 €, DVD-Brenner 32 €, 100 Rohlinge für 14,99 € und 500 Blatt Druckerpapier für 3,99 €.

a. Sie überlegt, wie viel sie gespart hätte, wenn sie keine Mehrwertsteuer hätte zahlen müssen. Den aktuellen Steuersatz findet ihr auf dem Kassenzettel oder im Internet.

b. Tragt die Werte für die Verkaufspreise und die jeweilige Mehrwertsteuer in ein geeignetes Koordinatensystem ein. Was fällt euch auf? Begründet.

c. Ein Scanner kostet im Großhandel ohne MwSt. 48,50 €. Der Discounter rechnet mit einem Gewinn von 5 %. Außerdem muss er ja noch die Mehrwertsteuer aufschlagen. Zu welchem Preis wird der Scanner wohl im Geschäft angeboten?

d. Der Auszubildende schlägt zuerst die MwSt. und dann die Gewinnspanne auf. Ist sein Endpreis höher als der, den ihr in c. ausgerechnet habt? Begründet ohne zu rechnen.

Musik-Piraten im Netz drohen bis zu drei Jahre Gefängnis oder Geldstrafe. Das **illegale Kopieren** von urheberrechtlich geschützten Werken wie Musik oder Kinofilmen aus Internet-Tauschbörsen wird härter bestraft.

2 Für bestimmte Geräte, mit deren Hilfe Vervielfältigungen urheberrechtlich geschützter Inhalte angefertigt werden könnten, werden folgende Abgaben erhoben:

Ware	Pauschalabgabe (Stand 2010)
Tintenstrahldrucker	5,00 €
Laserdrucker	12,50 €
Scanner	12,50 €
CD-Brenner	8,70 €
DVD-Brenner	10,68 €
MP3-Player	2,56 €
Rohling	0,08 €

a. Prüft, ob die Angaben noch aktuell sind.

b. Ob man nun einen preiswerten Schwarz-Weiß-Laserdrucker oder einen teuren Farblaserdrucker kauft, die Abgabe ist immer gleich hoch. Findet ihr das gerecht? Stellt eine Tabelle auf, die zeigt wie viel Prozent die Pauschalabgabe für Laserdrucker zu 100 €, 200 €, ... , 1000 € ausmacht. Präsentiert euer Ergebnis in einer Grafik. Tabelle und Grafik könnt ihr auch von einer Tabellenkalkulation erstellen lassen.

c. Macht es einen Unterschied, ob die Mehrwertsteuer vor oder nach der Addition der Pauschalabgabe aufgeschlagen wird? Begründet eure Aussage.

d. Für Fotokopierer muss je nach Geschwindigkeit eine Abgabe von 25 €, 50 € oder 87,50 € bezahlt werden. Timo hat die Abhängigkeit des Prozentsatzes der Pauschalabgabe vom Verkaufspreis mit seiner Tabellenkalkulation in einer Grafik dargestellt. Diskutiert, wie diese wohl aussehen könnte.

Online-Link
700181-0501
Erzeugen von Diagrammen mit EXCEL.

[L] *Im Sachzusammenhang mit Prozenten rechnen, Prozentrechnung als Spezialfall der Proportionalität anwenden, Tabellenkalkulation und Funktionsplotter angemessen nutzen.*

3 Sebastian hilft manchmal bei einem Getränkegroßhändler. Mit dem Verdienst bessert er sein Taschengeld auf. Diesen Sommer hat er die ganzen Ferien dort gejobbt.

a. Als er seinen Lohn bekommt, stellt er fest, dass dieser nicht voll ausbezahlt wurde. Als er deshalb zu seinem Chef geht, klärt der ihn auf: „Du musst als Schüler zwar keine Sozialabgaben zahlen, aber für diesen Monat musstest du Lohnsteuer und Soli an das Finanzamt abführen. Die Abzüge betrugen ca. 125 €, das waren 8,3 % deines Lohns." Wie viel hat Sebastian in dem Monat verdient?

b. Zusätzlich zur Lohnsteuer wird auch ein Solidaritätszuschlag, der sogenannte Soli, einbehalten. Informiert euch im Internet, wann und warum diese Abgabe eingeführt wurde.

c. Das Bild des Funktionenplotters zeigt, wie viel Prozent der Soli von der Lohnsteuer für Sebastian ausmacht. Wie viel Soli wird ihm demnach abgezogen? Interpretiert den Verlauf des Graphen.

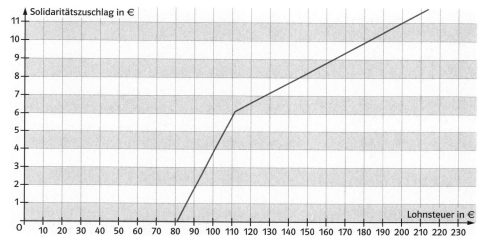

d. Erzeugt wie Sebastian eine Tabelle mit eurer Tabellenkalkulation. Fügt auch ein solches Diagramm ein.

Um bei der Tabellenkalkulation eine Fallunterscheidung zu machen, benötigt man den Wenn-Befehl.

	A	B
1	Lohnsteuer	Solidaritätszuschlag
2	20,00 €	0,00 €
3	40,00 €	0,00 €
4	60,00 €	0,00 €
5	80,00 €	0,00 €
6	100,00 €	3,82 €
7	120,00 €	6,60 €
8	140,00 €	7,70 €
9	160,00 €	8,80 €
10	180,00 €	9,90 €
11	200,00 €	11,00 €
12		
13		
14		
15		

e. Da Sebastian nicht das ganze Jahr voll gearbeitet hat, bekommt er seine gezahlten Steuern zurück, wenn er eine vereinfachte Einkommensteuererklärung abgibt. Wenn man dagegen ein höheres Jahreseinkommen hat, muss man Einkommensteuer und Soli abführen. Der Steuersatz hängt von der Höhe des Einkommens ab. Recherchiert, wie hoch der Prozentsatz aktuell ist. Findet ihr das gerecht?

Diese Aussagen stammen von Schülerinnen und Schülern, die sich im Rahmen eines Unterrichtsprojekts regelmäßig mit Problemlöseaufgaben beschäftigt haben. Es gelingt nur selten, eine solche Aufgabe auf Anhieb zu lösen. Es ist wichtig, sich für solche Aufgaben Zeit zu nehmen und darüber nachzudenken. Oft helfen Skizzen und Diskussionen mit Mitschülerinnen und Mitschülern weiter.

Martin:

„Das Gute am Problemlösen ist, dass man über etwas nachdenken muss und dabei seine Ideen braucht. Die Aufgaben trainieren das Gehirn. Oft hilft es mir, wenn ich mich an ähnliche Aufgaben erinnere."

Madeleine:

„Man steht erst einmal vor dem Berg. Erst nach längerem Überlegen oder Probieren kommen Ideen und Lösungen, von denen es zum Glück meistens mehrere gibt."

1
a. Diskutiert zu zweit eines der folgenden drei „Kurzprobleme".
   A In einem Tennisturnier spielen 35 Spielerinnen. Wer ein Match verliert, scheidet aus. Wie viele Matches finden statt?
   B Zwei Rohre verschiedenen Querschnitts füllen ein Becken. Wenn nur durch das dickere Rohr Wasser einfließt, dauert der Füllvorgang zwei Stunden. Kommt nur durch das dünnere Rohr Wasser, so ist das Becken in drei Stunden voll. In welcher Zeit ist das Becken gefüllt, wenn aus beiden Rohren Wasser einfließt?
   C Um wie viel unterscheidet sich die Summe aller ungeraden zweistelligen Zahlen von der Summe aller geraden zweistelligen Zahlen?
b. Welches Problem habt ihr gewählt? Weshalb? Stellt eure Lösungen euren Mitschülerinnen und Mitschülern vor.

Inselwanderung

Dieses Symbol findet ihr auch in Zukunft an Problemlöseaufgaben

2 Beat berichtet: „In den letzten Herbstferien wanderte ich der Küste entlang um das Inselchen Linosa südlich von Sizilien. Ich machte mich bei Punta Calcarella im Uhrzeigersinn auf den Weg. Unterwegs begegnete ich nur einmal einem Ehepaar, das die Insel offensichtlich im Gegenuhrzeigersinn umwanderte. Das mir fremde Ehepaar traf ebenso wie ich Punkt 18:00 Uhr wieder in Punta Calcarella ein und erreichte wie ich die letzte Fähre nach Lampedusa. Wir kamen in ein Gespräch und rätselten, um welche Zeit wir uns gekreuzt hatten. Wir konnten uns jedoch nur erinnern, wann wir zur Wanderung aufgebrochen waren. Das Ehepaar, das sich mit Egger vorstellte, war um 15:00 Uhr gestartet. Ich hatte meine Wanderung um 16:00 Uhr begonnen. Eggers stellten fest, dass sie immer mit etwa der gleichen Geschwindigkeit gewandert waren. Auch ich hatte den Eindruck, dass meine Geschwindigkeit immer etwa gleich war."

Rechts sind vier Ausschnitte aus Lösungsprotokollen einer Schulklasse abgebildet. Versucht zu verstehen, was sich die Schülerinnen und Schüler überlegt haben.

3 Löst das Inselproblem unter folgenden Annahmen:
a. Beat und Eggers gehen in entgegengesetzter Richtung. Beat ist zwischen 15:00 Uhr und 17:00 Uhr unterwegs, das Ehepaar Egger zwischen 15:00 Uhr und 18:00 Uhr.
b. Beat und Eggers gehen in gleicher Richtung. Beat ist zwischen 15:30 Uhr und 17:30 Uhr unterwegs, das Ehepaar Egger zwischen 15:00 Uhr und 18:00 Uhr.

L *Problemlösungen verstehen und eigene Problemlösestrategien weiter entwickeln.*

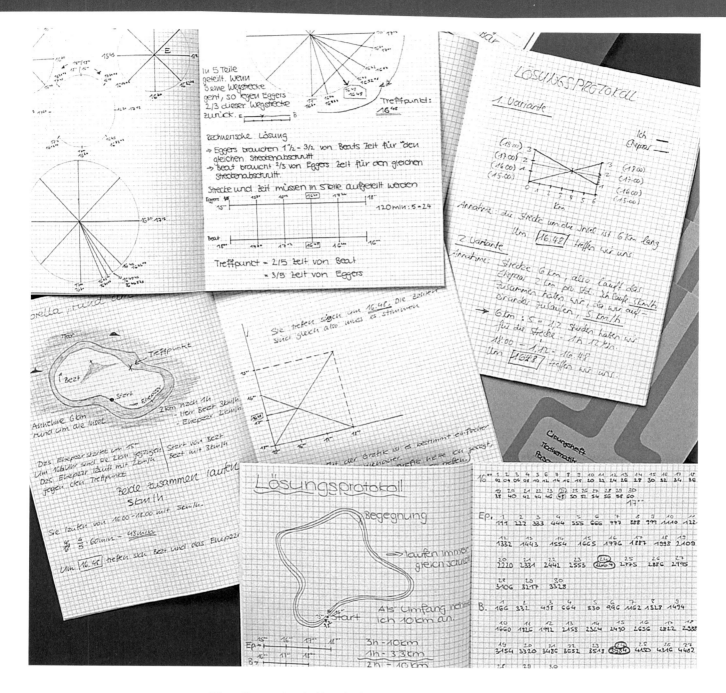

Diese Strategien helfen dir beim Problemlösen:

- Lies den Aufgabentext mehrfach aufmerksam durch, markiere die entscheidenden Angaben oder schreibe sie heraus.
- Überlege, ob du schon einmal ein ähnliches Problem gelöst hast. Gegebenenfalls kannst du die Strategie anwenden.
- Erkläre jemandem das Problem möglichst detailliert.
- Schreibe auf, was du weißt und was du finden musst.
- Stelle das Problem in einer Skizze übersichtlich dar.
- Probiere Einzelfälle aus und suche Gemeinsamkeiten.
- Überlege welche Werte für die Lösung infrage kommen und welche nicht. Vielleicht kannst du rückwärts rechnen.
- Notiere, was dir fehlt, um auf die Lösung zu kommen.

Online-Link ↗
700181-0601
Schülerlösungen

Häufig sind Zahlenangaben in Informationen nicht exakt. Sie beschreiben eine sinnvolle Größenordnung oder sind gerundet. Oft sind Zahlen auch nur näherungsweise bekannt. Eine „exakte" Berechnung mit vielen Ziffern hat dann keinen Sinn. Es genügt mit einfachen, gerundeten Zahlen zu rechnen. Man spricht dann von „überschlagen".

Eine Stadt im Ruhrgebiet

Gelsenkirchen – bekannt vor allem als Heimat des Fußballclubs Schalke 04 – gehört zu den 29 Großstädten Nordrhein-Westfalens. Die Fläche von Gelsenkirchen beläuft sich auf 104,84 km². Wohnhaft sind dort ungefähr 262 000 Menschen, d. h. 2499 Einwohner je km². Diese gut 100 km² werden von 700 km Straßen und 170 km Radwegen durchkreuzt. Gelsenkirchen liegt an vier Bundesautobahnen, insgesamt sind es 1500 Straßen in der Stadt. Am Hauptbahnhof stehen 6 Gleise für Züge des Regional- und Fernverkehrs zur Verfügung. Das Straßenbahnnetz besteht aus circa 220 km Schienen. Über Wasserwege ist Gelsenkirchen mit dem Rhein-Herne-Kanal verbunden, an dem ein Industrie- und Handelshafen liegt, der mit einem Jahresumsatz von 2 Millionen Tonnen und einer Wasserfläche von 120 ha einer der größten und wichtigsten Kanalhäfen Deutschlands ist.

Gelsenkirchen, die Stadt mitten im Ruhrgebiet, bietet aber auch viele Grünflächen, die den Bürgern und Besuchern zur Erholung und Freizeitgestaltung offen stehen.
Rund ein Drittel der knapp 10 500 Hektar großen Stadt besteht aus Park- und Erholungsanlagen, land- oder forstwirtschaftlich sowie gärtnerisch genutzten Flächen. Die Gesamtwaldfläche in Gelsenkirchen beträgt ca. 720 Hektar, wovon sich 250 Hektar im städtischen Eigentum befinden. Jeder Einwohner hat damit knapp 30 m² Grünfläche zur Verfügung. Im Sommer werden die Grünanlagen von 120 000 Menschen pro Tag aufgesucht, 40 000 von ihnen nutzen die Gelegenheit mit dem Fahrrad die Erholungsanlagen zu durchqueren. Eine dieser Grünanlagen, der Nordsternpark – ein industriell geprägter Landschaftspark auf dem Gelände der ehemaligen Zeche Nordstern, bietet Freizeit- und Naherholung.

In einer der ehemaligen Hallen befindet sich eine der größten Modelleisenbahnanlagen der Republik, die gleichzeitig eine Reise durch Deutschland bietet.
Die Anlagendaten: 700 m² Fläche, 131 m lang, 250 Züge, 4000 Waggons, 4100 m Gleise, 670 Weichen, 390 Signale, 20 Schattenbahnhöfe, 75 Szenarien wie Bahnhöfe, Stadtteile, Industrieanlagen, 60 Viadukte und Brücken, 1750 Straßenfahrzeuge, Schiffe und Kräne …, 5000 Leuchten, 1100 Gebäude, 12 000 Figuren.

---

1 Oben findet ihr einige Angaben zu Gelsenkirchen.
a. Welche Zahlen im Text sind exakt, welche gerundet, welche geschätzt? Welche Zahlen sind durch Berechnungen entstanden?
b. Sind die Rundungen sinnvoll? Berücksichtige bei deinen Überlegungen den Kontext.
c. Überprüft die berechneten Zahlen durch Überschlagsrechnungen.

---

2 Recherchiert für eure Stadt entsprechende Informationen. Erstellt einen analogen Text. Vergleicht. Entscheidet für eure gefundenen Zahlen, ob sie exakt, gerundet oder geschätzt sind.

 Wie viele Bäume stehen im Stadtwald von Gelsenkirchen?

Bei den Heimspielen des FC Schalke 04 in der Fußball-Bundesliga kommen bis zu 61 673 Besucher in die Schalker Veltins-Arena. Schon viele internationale Stars begeisterten ihre Fans in der stimmungsvollsten Konzerthalle Europas. Aida, Turandot und Carmen machten aus der Arena die weltweit größte Opernbühne und bei der Veltins Biathlon World Team Challenge kamen über 50 000 Besucher. Die Arena ist mehr als nur ein Stadion. Sie ist aufgrund ihrer ausgefeilten Technik die modernste Multifunktionsarena Europas.

---

3 Für die Sportler und Künstler ist in der Arena gesorgt: Es gibt zwei Großgarderoben, jeweils mit Duschen, WC und Entspannungsbad auf 225 m², aber auch sechs Einzelgarderoben mit Größen zwischen 20 m² und 27 m².

a. Schätzt die Größe eurer Umkleidekabine in der Schule.

b. Vergleicht, wie viel Platz den Sportlern in den jeweiligen Garderoben zur Verfügung steht. Vergleicht dies mit eurer Umkleidekabine in der Schulsporthalle und mit eurem Klassenraum.

---

4 Bei den Fußballspielen werden viele Bratwürste verkauft. Statistisch gesehen isst jeder Zuschauer 0,8 Bratwürste pro Spiel.

a. Was bedeutet diese Angabe?

b. Wie viele Bratwürste werden pro Spiel benötigt? Begründe.

c. Carina verkauft während des Spiels Bratwürste. Sie stellt fest, dass sie in den letzten 10 Minuten 7 Würste verkauft hat. Sie rechnet:
„Das Spiel dauert noch 50 Minuten. Dann benötige ich noch $5 \cdot 7$, also 35 Bratwürste." Beurteile ihre Rechnung.

d. Kathi organisiert den Verkauf der Bratwüste. Vor jedem Spiel macht sie abhängig von der prognostizierten Zuschauerzahl eine Kalkulation. Das Stadion ist ausverkauft. Sie überschlägt: $60\,000 \cdot 1$ und zieht 20 % ab. Die Bratwurst kauft sie für 70 ct. Mit welchen Einnahmen kann sie rechnen?

 Wie viele Rollen Toilettenpapier werden pro Heimspiel benötigt?

8 Zinsen

Banken und Sparkassen verleihen Geld und verlangen dafür Zinsen, genauer Sollzinsen. Wenn du oder deine Eltern Geld anlegen, also der Bank Geld leihen, bekommen sie dafür Habenzinsen. Diese sind niedriger als die Sollzinsen, weil die Banken und Sparkassen Kosten haben und zudem etwas verdienen möchten.

- - - - - - - - - - - - - - - -
Bei Bankgeschäften rechnet man wie bei der Prozentrechnung. Oft verwendet man aber andere Begriffe: Den Grundwert nennt man **Kapital**, den Prozentsatz **Zinssatz** und den Prozentwert **Zinsen**.
- - - - - - - - - - - - - - - -

1 Lisa hat bei der Sparkasse ein Taschengeldkonto, auf das ihr Vater jeden Monat einen festen Betrag einzahlt. Lisas Vater meint, dass seine Tochter dadurch besser lernt, sich ihr Geld einzuteilen. Oft bieten Sparkassen und Banken ein solches Taschengeldkonto an, um auch zukünftige Kunden zu werben.

a. Lisa hat durchschnittlich 200 € auf ihrem Taschengeldkonto. Die Sparkasse zahlt ihr 1,5 % Zinsen im Jahr. Wie viel Zinsen bekommt Lisa ungefähr im Jahr?
Vergleicht den Zinssatz mit der aktuellen Inflationsrate.

b. Eine andere Bank bietet an, ein Taschengeldkonto zu führen und verspricht eine Verzinsung von 0,5 %. Zusätzlich gibt es bei der Kontoeröffnung eine Gutschrift von 25 €. Vergleicht.

Online-Link 🡕
700181-0801
Zinsen berechnen
mit EXCEL

2

a. Der Vater von Lisa hat 50 000 € geerbt. Er will das Geld für 4 Jahre anlegen. Vergleicht die Angebote, benutzt dabei auch die Tabellenkalkulation. Geht zunächst davon aus, dass die angefallenen Zinsen jährlich ausgezahlt werden.

b. Wie viel Zinsen hätte er insgesamt erhalten, wenn die Zinsen nicht jährlich ausgezahlt worden wären, sondern der Einlage zugerechnet worden wären? Vergleicht.

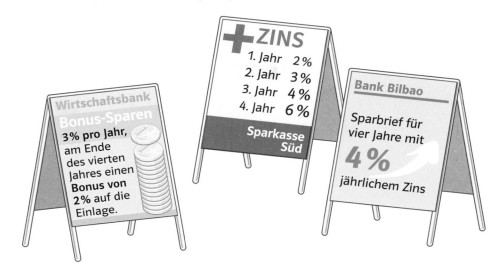

Wirtschaftsbank
Bonus-Sparen
3 % pro Jahr, am Ende des vierten Jahres einen **Bonus von 2 %** auf die Einlage.

+ZINS
1. Jahr 2 %
2. Jahr 3 %
3. Jahr 4 %
4. Jahr 6 %
Sparkasse Süd

Bank Bilbao
Sparbrief für vier Jahre mit
4 %
jährlichem Zins

L *Zinsen, Zinssätze und Kapitaleinlagen mithilfe der Prozentrechnung bestimmen.*

Kleinkredit

5000 €
9 % Zinsen

50 € Bearbeitungsgebühr

Sparkasse
Süd

BANKHAUS TRÄGER

Sofortkredit 5000 €
nur 4,9 %

Schufa-Auskunft 25€.
Kreditvermittlungskosten 3% der
Kreditsumme, mindestens 100 €.
Abschluss einer Versicherung
zwingend, Versicherungseinmal-
betrag 6% der Kreditsumme.

McBank

Bargeld 5000 €

Sofort auf die Hand!
Keine Versicherung nötig!

nur 8,99 %

Auszahlung abzüglich 5 % Disagio

3 Familie Hoffmeister benötigt für ein Jahr einen Kredit, weil der Vater arbeitslos geworden ist, die Kinder aber neue Bekleidung brauchen, eine neue Waschmaschine benötigt wird und das Auto, mit dem Frau Hoffmeister jeden Tag zur Arbeit fährt, dringend repariert werden muss. Frau Hoffmeister holt sich drei Angebote ein.

a. Klärt die Begriffe, die ihr nicht kennt. Schaut im Lexikon oder im Internet nach.
b. Was meinst du zu den Angeboten?
c. Ein Arbeitskollege von Frau Hoffmeister rät ihr, es mit einem Privatkredit aus dem Internet zu versuchen. Dort verleihen Privatleute Geld an Privatleute zu manchmal günstigeren Konditionen. Sucht solche Angebote und vergleicht.

4 Heutzutage werden alle Zinsen taggenau vom Computer berechnet. Manchmal können selbst die Bankangestellten die Zinsen nicht mehr von Hand ausrechnen.

a. Früher hat man für die Zinsrechnung jeden Monat mit 30 Tagen und das Jahr mit 360 Tagen berechnet. Diskutiert, warum man das so gemacht hat und urteilt, für wen das finanziell gesehen günstiger war.

Damit der Verbraucher bei Krediten besser den Überblick behält, ist ein sogenannter **effektiver Zinssatz** anzugeben, der die Kreditkosten vergleichbarer machen soll. Trotzdem sind oft nicht alle obligatorischen Kosten – wie z. B. eine Kreditausfallversicherung – enthalten. Der effektive Zinssatz gibt also nur einen Anhaltspunkt, welcher Kredit günstiger ist.

b. Schreibt mit der Tabellenkalkulation ein Programm, welches Zinsen wie unten abgebildet taggenau ausrechnet.

	A	B	C	D
1	Erstes Datum	12.06.2009	Anzahl Tage	279
2	Zweites Datum	18.03.2010	Zinsen	305,75 €
3	Betrag	5.000,00 €		
4	Zinssatz in %	8		

Wie viel Zinsen müssen die Steuerzahler in Deutschland während dieser Unterrichtsstunde für die Schulden der Bundesrepublik Deutschland aufbringen?

9 Wurzeln

Kennt man die Flächenmaßzahl eines Quadrates und möchte daraus auf die Seitenlänge schließen, muss man den umgekehrten Weg wie beim Quadrieren gehen. Diesen Vorgang nennt man Wurzelziehen oder Radizieren.

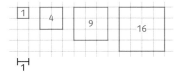

1 Bei Quadraten, deren Flächenmaßzahl eine Quadratzahl ist, lässt sich die Seitenlänge einfach bestimmen. Bestimme die Seitenlängen der einzelnen Quadrate.

2 Bei Quadraten, deren Flächenmaßzahl A keine Quadratzahl ist, bezeichnet man die Seitenlänge mit $\sqrt{A}$. Sprich: „Wurzel aus A".

a. Wie groß sind folgende Wurzeln ungefähr?
$\sqrt{10}, \sqrt{20}, \sqrt{30}, \sqrt{40}, \sqrt{50}, \sqrt{60}, \sqrt{70}, \sqrt{80}, \sqrt{90}, \sqrt{100}$

b. Quadriere deine Schätzungen. Verbessere sie und vergleiche mit dem Ergebnis des Taschenrechners, wenn du die Wurzeltaste benutzt.

Beispiel:
$\sqrt{10} \approx 3$

$3^2 = 9$ $\quad\quad$ $3{,}1^2 = 9{,}61$ $\quad\quad$ $3{,}2^2 = 10{,}24$ $\quad\quad$ $3{,}15^2 = 9{,}9225$ $\quad\quad$ $\boxed{\sqrt{x}}$ $10 = 3{,}16227766$

Auch das Ergebnis des Taschenrechners beim Wurzelziehen ist nicht immer exakt. Je nach Taschenrechnertyp wird eine bestimmte Anzahl von Stellen nach dem Komma berechnet. Die letzte Stelle ist manchmal gerundet.

3
a. Wie groß sind die Quadrate?
b. Gib ihre Seitenlängen an.
c. Zeichne ebenso die Wurzeln anderer Zahlen, schätze und miss sie.

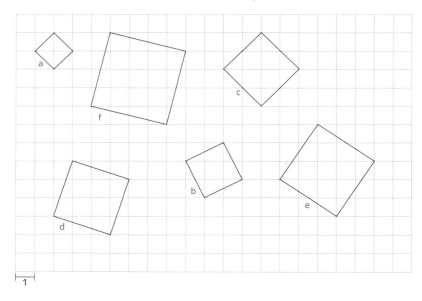

4 Finde mindestens zehn (natürliche oder gebrochene) Zahlen zwischen 1 und 25, deren Wurzel du genau bestimmen kannst.

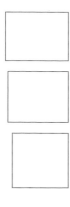

5 ▸┤Heron-Verfahren├▸

Das Heron-Verfahren ist eine Möglichkeit, Quadratwurzeln zu berechnen. Geometrisch gesehen wird ein Rechteck schrittweise in ein flächengleiches Quadrat umgewandelt. Beispiel: Ein Rechteck mit 20 cm² soll in ein flächengleiches Quadrat umgewandelt werden.

1. Ein erster Näherungswert für die gesuchte Seitenlänge sei 5 cm. Damit ergibt sich eine zweite Seitenlänge von 4 cm.

2. Den nächsten Näherungswert für die Quadratseite erhalten wir, indem wir das arithmetische Mittel der beiden Werte berechnen, in unserem Fall also 4,5 cm. Damit ergibt sich für die andere Seite: 20 cm² : 4,5 cm ≈ 4,4 cm.

3. Nun bilden wir erneut das arithmetische Mittel aus den beiden neuen Seiten und erhalten 4,45 cm. Jetzt kann hierzu wiederum die neue Seite berechnet werden. Die einzelnen Schritte bei dieser Berechnung nennt man Iterationen. Die Seitenlänge des gesuchten Quadrates beträgt also ungefähr 4,45 cm.

a. Berechnet mit dem Heron-Verfahren näherungsweise die Wurzel aus 30.

b. Schreibt mit der Tabellenkalkulation ein Programm für das Heron-Verfahren. Geht dabei von einer festen Anzahl von Iterationen aus.

c. Was passiert, wenn du einen sehr kleinen oder sehr großen Startwert nimmst? Konvergiert das Verfahren dann auch? Notiere deine Beobachtungen.

Das Ziehen der (Quadrat-)Wurzel ist die Umkehroperation des Quadrierens. Gesucht ist also die nicht negative Zahl, die mit sich selbst multipliziert die Zahl unter dem Wurzelzeichen, den Radikanden, ergibt.

Zum Beispiel:
Welche Zahl im Quadrat ergibt 64?
$\sqrt{64} = \sqrt{8 \cdot 8} = 8$
denn $8^2 = 64$

Die positiven Zahlen mit ganzzahligen Wurzeln sind die Quadratzahlen. Die Wurzeln von natürlichen Zahlen sind entweder natürlich oder nicht abbrechende Dezimalbrüche, zum Beispiel
$\sqrt{7} \approx 2{,}645575\ldots$

---

6 Zwischen welchen natürlichen Zahlen liegt die Wurzel?
Beispiel: $3 < \sqrt{12} < 4$
$\sqrt{12}, \sqrt{37}, \sqrt{45}, \sqrt{65}, \sqrt{80}, \sqrt{110}, \sqrt{150}, \sqrt{200}, \sqrt{410}, \sqrt{620}, \sqrt{930}, \sqrt{1000}, \sqrt{2000}, \ldots$

7 Bestimme folgende Wurzeln und formuliere eine Gesetzmäßigkeit.

a. $\sqrt{160\,000}, \sqrt{1600}, \sqrt{16}, \sqrt{0{,}16}, \sqrt{0{,}0016}$

b. $\sqrt{1\,440\,000}, \sqrt{14\,400}, \sqrt{144}, \sqrt{1{,}44}, \sqrt{0{,}0144}$

c. $\sqrt{\frac{4}{9}}, \sqrt{\frac{16}{81}}, \sqrt{\frac{25}{100}}, \sqrt{\frac{144}{169}}, \sqrt{\frac{289}{400}}$

d. Gib Dezimalbrüche und Brüche an, aus denen man einfach Wurzeln ziehen kann.

8 Gib die Wurzeln an. Benutze in jeder Zeile höchstens zweimal den Taschenrechner.

a. $\sqrt{10}, \sqrt{100}, \sqrt{1000}, \sqrt{10\,000}, \sqrt{100\,000}, \sqrt{1\,000\,000}, \sqrt{10\,000\,000}$

b. $\sqrt{0{,}1}, \sqrt{0{,}01}, \sqrt{0{,}001}, \sqrt{0{,}0001}, \sqrt{0{,}00001}, \sqrt{0{,}000001}, \sqrt{0{,}0000001}$

c. $\sqrt{2}, \sqrt{20}, \sqrt{200}, \sqrt{2000}, \sqrt{20\,000}, \sqrt{200\,000}, \sqrt{2\,000\,000}$

d. $\sqrt{1}, \sqrt{1{,}21}, \sqrt{1{,}44}, \sqrt{1{,}69}, \sqrt{1{,}96}, \sqrt{2{,}25}, \sqrt{2{,}56}$

e. $\sqrt{1}, \sqrt{4}, \sqrt{16}, \sqrt{64}, \sqrt{256}, \sqrt{1024}, \sqrt{4096}, \sqrt{16\,384}$

f. $\sqrt{2}, \sqrt{4}, \sqrt{8}, \sqrt{16}, \sqrt{32}, \sqrt{64}, \sqrt{128}, \sqrt{256}, \sqrt{512}$

9 Findet weitere Beispiele.

a. Die Wurzel ist eine natürliche Zahl: $\sqrt{289} = 17$

b. Die Wurzel ist ein Dezimalbruch mit einer Stelle nach dem Komma: $\sqrt{11{,}56} = 3{,}4$

c. Die Wurzel ist ein Dezimalbruch mit mehreren Stellen nach dem Komma:
$\sqrt{1{,}7956} = 1{,}34$

d. Die Wurzel ist größer als die ursprüngliche Zahl: $\sqrt{0{,}3364} = 0{,}58$

e. Die Wurzel liegt zwischen 100 und 101: $\sqrt{10\,020{,}01} = 100{,}1$

f. Die Wurzel ist kleiner als 1: $\sqrt{0{,}5} \approx 0{,}707$

Ein wichtiger geometrischer Satz wurde nach einem Griechen namens Pythagoras benannt. Auch der Ausspruch „Alles ist Zahl" wird ihm zugeschrieben. Wer war aber dieser mysteriöse Pythagoras?

Pythagoras (griechisch: Πυθαγορασ) war eine einflussreiche und geheimnisumwitterte Persönlichkeit. Über sein Leben und sein Werk gibt es nicht viele Informationen aus erster Hand, weil er und seine Schüler – die sogenannten Pythagoreer – sich ein Schweigegebot auferlegt hatten.

Pythagoras stammt von der griechischen Insel Samos. Dort steht heute in der nach ihm benannten Stadt Pythagorion ein Denkmal, das an ihn erinnern soll. Er wurde um 570 v. Chr. geboren. Nach einigen Quellen soll er als Erwachsener in Ägypten und Babylonien gewesen sein und sich dort viel Wissen angeeignet haben. Sicher ist, dass er sich um 540 wieder auf der Insel Samos aufhielt. Dort herrschte zu dieser Zeit der Tyrann Polykrates, gegen den Pythagoras opponierte. Im Streit verließ Pythagoras die Insel und wanderte nach Kroton (heute Crotone) in Süditalien aus, das damals von Griechen besetzt und bewohnt war.

Pythagoras war ein religiöser Führer, Astronom, Philosoph, Politiker, Naturwissenschaftler und Mathematiker. In Kroton gründete er eine Schule, seine Schüler wurden nach ihm Pythagoreer genannt. Sie verpflichteten sich neben der Verschwiegenheit zu einem bescheidenen Leben. Sie untersuchten Phänomene in der Natur, Musik und Astronomie. Sie waren zunächst der Ansicht, dass alle Beziehungen zwischen diesen Phänomenen durch Zahlenverhältnisse, das heißt in Brüchen mit natürlichen Zahlen im Zähler und Nenner ausgedrückt werden könnten. Daher stammt der Ausdruck „Alles ist Zahl". Erst später entdeckten Schüler des Pythagoras, dass das nicht stimmte, was zu heftigsten Diskussionen und philosophischen Streitigkeiten führte.

Pythagoras selbst verließ nach politischen Streitigkeiten Kroton und siedelte nach Metapontion über. Dort verbrachte er den Rest seines Lebens. Er starb dort 510 v. Chr..

Der Legende nach sei Pythagoras einmal an einer Schmiede vorbeigekommen und habe in den Tönen der Schmiedehämmer Harmonie wahrgenommen und einen Einklang in Abhängigkeit von dem Gewicht der Hämmer gespürt. Das ist aber physikalisch gesehen nicht möglich. Richtig dagegen ist, dass er und seine Schüler Beziehungen zwischen Zahlen und Tönen untersucht haben.

Findet weitere Informationen zum Leben des Pythagoras und präsentiert sie euren Mitschülerinnen und Mitschülern.

L *Informationen aus dem Leben des Pythagoras und seinen Schülern mit Phänomenen in der Musik und Mathematik in Verbindung bringen.*

Zahlbeziehungen in der Musik

1 Töne können zum Beispiel erzeugt werden, wenn man eine Saite über zwei Auflagepunkte spannt und anschlägt. Das Anschlagen erzeugt auf der Saite Schwingungen, welche sich auf die Luft und unser Ohr übertragen. Pythagoras hat mit einem einsaitigen Instrument (Monochord, mono = eins, chord = Saite) experimentiert. Mehrere gleichgestimmte Saiten nebeneinander (Polychord) ermöglichten ihm, Zahlenverhältnisse (Proportionen) hör- und sichtbar zu machen. Wird eine Saitenlänge verkürzt, wird der Ton höher. Pythagoras hat unter anderem folgende Verhältnisse gefunden:

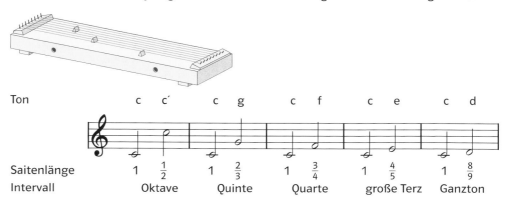

Ton	c	c′	c	g	c	f	c	e	c	d
Saitenlänge	1	$\frac{1}{2}$	1	$\frac{2}{3}$	1	$\frac{3}{4}$	1	$\frac{4}{5}$	1	$\frac{8}{9}$
Intervall		Oktave		Quinte		Quarte		große Terz		Ganzton

Man kann diese und weitere Verhältnisse auf einem Polychord gut nachvollziehen. So kann man beispielsweise die Hälfte einer Saitenlänge auf den Millimeter genau über das Gehör bestimmen.

Zahlbeziehungen in der Arithmetik

2 Die Pythagoreer studierten auch die Mathematik. Sie untersuchten unter anderem Zahlen, bei denen die Summe ihrer Teiler das Doppelte der Ursprungszahl ergaben. Beispiel: 6 hat die Teiler 1, 2, 3 und 6.

$1 + 2 + 3 + 6 = 2 \cdot 6 = 12$

Man kann auch sagen, dass die Summe aller Teiler dieser Zahl außer der Zahl selbst wieder diese Zahl ergeben. Solche Zahlen nennt man vollkommene Zahlen.

a. Prüft, ob 6 die kleinste vollkommene Zahl ist.
b. Weist nach, dass 28 eine vollkommene Zahl ist.
c. Begründet, warum man bei der Suche nach Teilern einer Zahl nur bis zur Hälfte dieser Zahl suchen muss.
d. Es gibt eine weitere vollkommene Zahl zwischen 495 und 500. Findet sie.
e. Informiert euch, wie viele vollkommene Zahlen zurzeit bekannt sind und wie viele Stellen die größte davon hat.

Online-Link ↗
700181-1001
Konstruieren mit
GEONExT

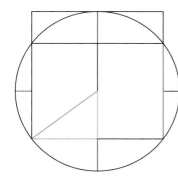

Zahlbeziehungen in der Geometrie

3 Zeichnet im Heft oder mit der DGS zunächst ein Quadrat mit der Seitenlänge 8 cm. Zeichnet dann wie im Bild einen Kreis mit dem Radius 5 cm, der durch zwei Ecken des Quadrats geht und eine Seite berührt. Dann lassen sich ganzzahlige Streckenlängen finden. Wie viele kannst du entdecken?

11 | Pythagoras-Parkette

Schon lange vor Pythagoras haben die Babylonier einen Zusammenhang zwischen den verschiedenen Seitenlängen eines rechtwinkligen Dreiecks entdeckt und zur Konstruktion von rechten Winkeln verwendet.

Pythagoras und seine Schüler sind aber möglicherweise die ersten, die diesen Zusammenhang bewiesen haben. Ist ein Zusammenhang bewiesen, so sprechen wir in der Mathematik von einem Satz. Wichtige Sätze werden häufig nach den Personen benannt, die sie entdeckt oder als erste bewiesen haben.

1

a. Falte ein rechteckiges Stück Papier zweimal so, dass ein ähnliches Rechteck entsteht, dessen Flächeninhalt ein Viertel der Originalfläche beträgt. Schneide die offene Ecke so ab, dass du vier kongruente, rechtwinklige Dreiecke erhältst.

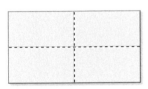 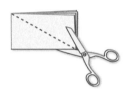 

b. Zeichne dann ein Quadrat, dessen Seiten so lang sind, wie die beiden kürzeren Dreieckseiten zusammen.

c. Versuche, die Dreiecke so nebeneinander in das Quadrat zu legen, dass die Restfläche nur aus einem Quadrat oder mehreren Quadraten besteht. Welche Möglichkeiten findest du?

2 Schneide zwei gleich große Quadrate aus. Zerlege sie so, dass sie sich zu einem einzigen Quadrat zusammenlegen lassen.

3

a. Stellt aus zwei verschiedenen Quadrattypen ein solches Parkett her. Ihr könnt die Quadrate aus verschiedenen Papieren ausschneiden, oder auf kariertes Papier zeichnen.

b. Zeichnet über euer Parkett auch ein Quadratgitter wie rechts.

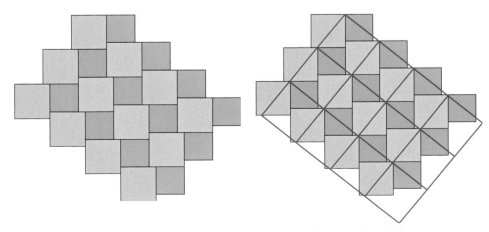

c. Sucht nach Gesetzmäßigkeiten zwischen den drei Quadrattypen im Parkett.

d. Begründet die Gesetzmäßigkeiten mithilfe des Musters.

L *Einen der berühmtesten Sätze der Mathematik kennenlernen und verstehen, wieso er gilt.*

4 Erkläre die Gesetzmäßigkeit auch an diesem Ausschnitt des Parketts.

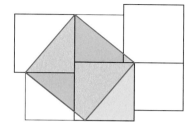
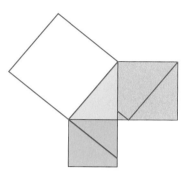

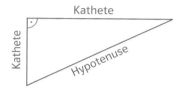

5 Erkläre die Gesetzmäßigkeit auch an diesem Parkett.

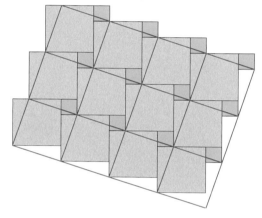

6 Pythagoras soll folgenden Satz formuliert haben: „In einem rechtwinkligen Dreieck ist die Fläche des Quadrates über der Hypotenuse genauso groß, wie die Summe der Flächen der Quadrate über den Katheten."

a. Wo findet dieser Satz in den Aufgaben 1 bis 5 Anwendung?

b. Formuliere einen Beweis für diese Behauptung.

7 Die Babylonier und Ägypter haben Knotenschnüre zur Konstruktion von rechten Winkeln verwendet. Dabei hatten die Knoten immer den gleichen Abstand voneinander.

a. Erkläre am Beispiel links, wie das Verfahren funktioniert.

b. Sucht weitere Knotenanzahlen für die es funktioniert.

1981 schuf der Maler Max Bill das Bild „entwicklung von zwei bis acht".
Welche Zusammenhänge entdeckst du zwischen den Figuren?

Max Bill ist 1908 in Winterthur geboren. Er lernte Silberschmied, bildete sich weiter und wurde zu einem der bedeutendsten konstruktiven Künstler der Schweiz. Er fand weltweit große Anerkennung. In einer Abhandlung schreibt er im Jahr 1949: „ich bin der auffassung, es sei möglich, eine kunst weitgehend auf grund einer mathematischen denkweise zu entwickeln." Viele seiner Bilder und Plastiken zeugen von dieser Aussage. Er starb 1994 in Berlin.

1 Das Bild

a. Betrachtet das Bild und tauscht dann eure Eindrücke aus.

b. Warum hat das Bild diesen Titel? Wie würdet ihr es nennen?

2

a. Beschreibe das Bild so, wie du es jemandem telefonisch schildern würdest.

b. Formuliere, welche Gesetzmäßigkeiten in den vorhandenen Figuren zu finden sind.

c. Beschreibe auch die Gesetzmäßigkeiten bei den Farben.

3 Schätzt und notiert den Anteil, den jede Farbe (inklusive Weiß) von der Gesamtfläche ausmacht. Diskutiert eure Ergebnisse.

L *Flächen von Dreiecken und Vierecken berechnen, kongruente Dreiecke konstruieren.*

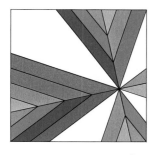

A

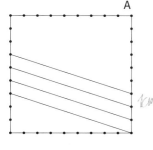

B

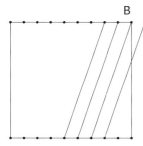

C

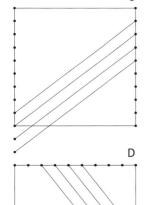

D

4 Links siehst du eine verkleinerte Nachkonstruktion des Bildes von Max Bill sowie die Figuren A bis D.

a. Suche und beschreibe Zusammenhänge zwischen der Nachkonstruktion und den vier Figuren.

b. Vergleiche die Figuren A bis D miteinander. Was haben sie gemeinsam und worin unterscheiden sie sich?

5 Bei Figur A wird das äußere Quadrat (von unten nach oben gesehen) in folgende Teilflächen zerlegt:

Ein Dreieck, drei Parallelogramme, ein Trapez

a. Notiere für die Figuren B bis D die entsprechende Flächenzerlegung.

b. Berechne für die Figur A die Flächeninhalte der einzelnen Teilflächen.

c. Vergleicht eure Vorgehensweisen und Ergebnisse.

6

a. Zeichne ein Quadrat mit der Seitenlänge 9 cm in dein Heft, trage dann wie in Figur A im Abstand von 1 cm auf den Seiten des Quadrates kleine Markierungen ein.

b. Zeichne nun nacheinander die Figuren A bis D in dein Quadrat ein.

c. Färbe mit den richtigen Farben den entstandenen Konstruktionsplan ein.

d. Überprüfe mithilfe deiner Nachkonstruktion die Schätzung der Farbanteile aus Aufgabe 3.

7

a. Wähle aus der Figur rechts eines der Dreiecke I bis XI und suche es im Originalbild auf der vorigen Seite.

b. Überlege, wie du dieses Dreieck mithilfe der Kongruenzsätze in dein Heft übertragen kannst, und führe diese Konstruktion durch. Wie kannst du deine Lösung überprüfen?

(Zwei Konstruktionen sind in der nächsten Lernumgebung ausführlich dargestellt.)

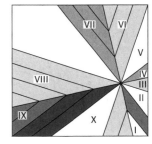

8

a. Lass dir von einer Partnerin oder einem Partner drei Teilstücke (Seiten und/oder Winkel) von einem der Dreiecke I bis XI nennen. Konstruiere dieses Dreieck in deinem Heft.

b. Finde heraus, welches der Dreiecke du konstruiert hast.

9

a. Einige dich mit einer Partnerin oder einem Partner auf drei Teilstücke eines beliebigen Dreiecks. Konstruiert dieses Dreieck.

b. Vergleicht, ob eure Dreiecke kongruent sind.

10

a. Untersucht, ob die Konstruktion auch klappt, wenn ihr zwei Seiten und einen nicht dazwischenliegenden Winkel auswählt.

Formuliert das Ergebnis eurer Untersuchung mit eigenen Worten und erklärt es mithilfe einer Skizze.

Manchmal liegt einem Bild mehr als ein künstlerischer Gedanke zugrunde.
Oft steckt auch Mathematik darin.

Das Gerüst des Bildes

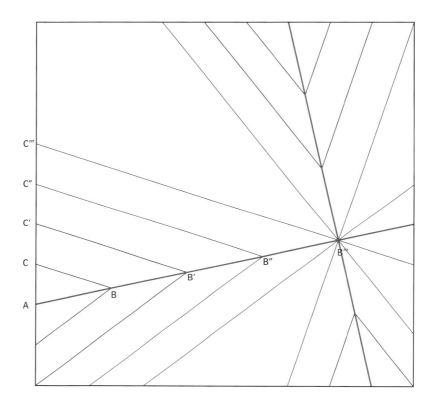

Online-Link ↗
700181-1201
Gerüst des Bildes

1 Betrachte das Gerüst des Bildes in einem Koordinatensystem mit Achsen, die parallel zum Bildrahmen sind (siehe Kopiervorlage) und setze den Ursprung in den Punkt, in dem sich die meisten Geraden schneiden.

a. Bestimme die Steigungen der einzelnen Geraden.

b. Ändern sich die Steigungen, wenn du den Ursprung an einen anderen Schnittpunkt setzt? Begründe deine Meinung.

c. Ändert sich die Steigung der einzelnen Geraden, wenn du die Skalierung der Achsen veränderst? Berichte über deine Beobachtungen.

d. Was kannst du über die Steigung von parallelen oder zueinander senkrechten Geraden sagen? Formuliere deine Beobachtungen allgemein.

e. Wie ändern sich die Steigungen, wenn $\overline{AB'''}$ die x-Achse ist?

L *Lineare Funktionen beschreiben, Ähnlichkeit entdecken.*

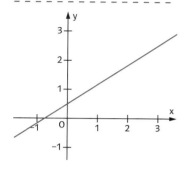

Der Zusammenhang zwischen x-
und y-Koordinate aller Punkte einer
Geraden im Koordinatensystem
lässt sich beschreiben mithilfe der
Gleichung $y = ax + b$.
Eine solche Gleichung nennt man
lineare Gleichung.

2 Geraden im Gerüst des Bildes

a. Wähle eine Gerade aus und bestimme für einige Punkte der Geraden x- und y-Werte.
   Versuche eine Gleichung zu finden, die für alle Punkte der Geraden gilt.
b. Vergleiche mit der Geraden, die dein Nachbar gewählt hat.
c. Bei welcher Geraden ist es einfach, eine Gleichung zu finden, bei welcher schwer?
d. Verschiebe nun den Ursprung und schaue, was sich an der Gleichung für deine Gerade
   ändert. (Hier kannst du gut eine Folie benutzen.)
e. Beschreibt eure Erkenntnisse und präsentiert sie in einer geeigneten Form.

3 In der Zeichnung auf der linken Seite sind vier Dreiecke markiert.
   (ABC; AB'C'; AB''C''; AB'''C''')

a. Zeichne diese Dreiecke so ab, wie sie im Bildgerüst dargestellt sind.
b. Welche Maße brauchst du, um ein Dreieck nachkonstruieren zu können?
c. Beschreibe die Dreieckskonstruktion Schritt für Schritt.

Konstruktion eines Dreiecks bei gegebener Seitenlänge und zwei angrenzenden Winkeln

 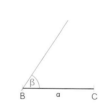 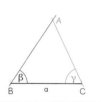

Konstruktion eines Dreiecks bei zwei gegebenen Seitenlängen und eingeschlossenem Winkel

 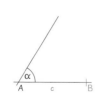 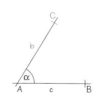 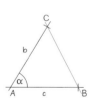

d. Miss und konstruiere die Dreiecke nun nebeneinander nach. Was kannst du über die
   Winkel der einzelnen Dreiecke sagen?
e. Die vier oben genannten Dreiecke sind nicht kongruent. Trotzdem scheinen sie
   irgendwie zusammenzugehören. Warum? Formuliere eine Aussage.
f. Was haben die Steigung, die Winkel und die Dreiecke miteinander zu tun?
g. Zeichne selbst drei Dreiecke, die den gleichen Zusammenhang aufweisen. Wie gehst
   du vor?
h. Bilde die Quotienten zweier entsprechender Seitenlängen der gezeichneten Dreiecke.

4 Zeichne nun selbst ein Bild, welches Geraden mit verschiedenen Steigungen enthält
   und in dem ebenfalls Dreiecke vorkommen, welche ähnliche Zusammenhänge aufweisen. Gib deinem Bild einen mathematischen Titel.
   Präsentiert eure Ideen in einer Ausstellung.

Steine versinken im Wasser, Holz schwimmt. Sind Steine schwerer als Holz? Nein. Ein Kieselstein ist leichter als ein Baumstamm. Ja. Ein Würfel aus Stein ist schwerer als ein Holzwürfel mit dem gleichen Volumen.

Volumenbestimmung

Volumen von Prismen können mit der Formel „Volumen = Grundfläche · Höhe" berechnet werden. Volumen unregelmäßiger Körper kann man mit der Tauchmethode bestimmen.

1

a. Beschreibt, wie man mit der Tauchmethode das Volumen eines Körpers bestimmen kann.

b. Bestimmt mit dieser Methode Volumen verschiedener Körper.

c. Bestimmt das Volumen einiger Körper durch Berechnung und mit der Tauchmethode. Vergleicht die Ergebnisse.

$1\,ml = 1\,cm^3$
$1\,l = 1\,dm^3$
$1000\,l = 1\,m^3$

Volumen und Masse

2

a. Nehmt mehrere verschieden große Steine der gleichen Sorte. Bestimmt jeweils ihr Volumen und ihre Masse.

b. Stellt die Ergebnisse in einer Tabelle dar.

c. Stellt die Werte aus der Tabelle in einem Koordinatensystem dar.

d. Was stellt ihr fest?

Masse in g

Volumen in cm³

3

a. Füllt den Messbecher mit verschiedenen Wassermengen und messt jeweils die Masse des Wassers.

b. Erstellt eine Tabelle für Volumen und Masse des Wassers.

c. Stellt die Zuordnung *Volumen → Masse* wie in Aufgabe 2c. grafisch dar.

Wird einer Größe G1 eine Größe G2 zugeordnet, so schreibt man G1 → G2.

4

a. Nehmt unterschiedlich viele Holzwürfel der gleichen Sorte. Berechnet jeweils das gesamte Volumen und die gesamte Masse.

b. Stellt die Ergebnisse in einer Tabelle dar.

c. Stellt die Zuordnung *Volumen → Masse* wie in Aufgabe 2c. grafisch dar.

L *Den Zusammenhang zwischen Proportionalitätskonstante und Steigung verstehen.*

5 Vergleicht die Graphen aus den Aufgaben 2 bis 4 miteinander. Was stellt ihr fest?

6

a. In der folgenden Abbildung sind für verschiedene Materialien zu Zuordnungen
Volumen ↦ *Masse* grafisch dargestellt.
Welcher Graph passt zu welchem Material? Begründe.
Materialien: A Eisen, B Wasser, C Holz, D Beton, E Kork

Ist bei einer Zuordnung der Quotient der einander zugeordneten Größen konstant, so sprechen wir von einer **proportionalen Zuordnung**.
Beispielsweise ist für die proportionale Zuordnung *Volumen* ↦ *Masse* die **Proportionalitätskonstante** der Quotient aus Masse und Volumen.
Er wird **Dichte** genannt und meistens in $\frac{g}{cm^3}$ angegeben.

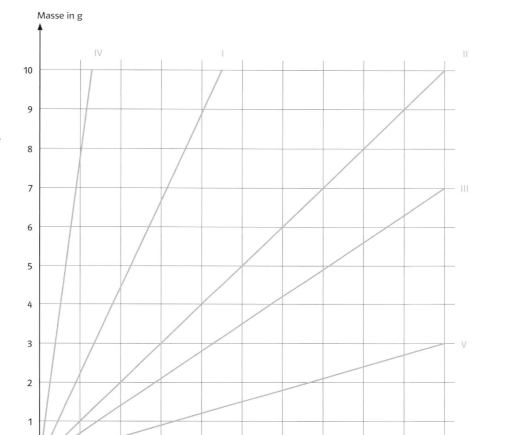

b. Bestimme für jedes Material die Dichte.
c. Beschreibe den Zusammenhang zwischen der Dichte eines Materials und der Steigung der dazugehörigen Halbgeraden.
d. Gib jeweils eine Gleichung an, die den Zusammenhang zwischen der Masse und dem Volumen beschreibt.

---

7 Trockener Sand hat eine Dichte von ungefähr 1,5 $\frac{g}{cm^3}$. Die Dichte von Bastelknete beträgt etwa 2,5 $\frac{g}{cm^3}$.

a. Zeichne ein Koordinatensystem wie in Aufgabe 6 in dein Heft und stelle für beide Materialien die Zuordnung *Volumen* ↦ *Masse* grafisch dar.
b. Ein Sandkasten soll mit 1 m³ Sand gefüllt werden. Wie groß ist die Masse?
c. 2 kg Bastelknete soll verpackt werden. Wie könnte ein Quader aussehen, in den die Knete genau hineinpasst?
d. Erläutert in den Teilaufgaben b. und c. eure Rechnungen.

„Das Rad neu erfinden" sagt man, wenn jemand versucht, etwas zu entwickeln, was es längst gibt. Warum gerade „das Rad"? Sicher ist das Rad eine der wichtigsten menschlichen Erfindungen. Scheibenräder existierten in Europa schon vor über viertausend Jahren. Die ersten Speichenräder tauchten im 13. Jh. v. Chr. auf. Aber es gab auch bedeutende Kulturen, welche das Rad nicht kannten, zum Beispiel verschiedene Indianervölker Mittelamerikas wie Inkas.

1 Wo überall kommen Räder vor? Sammelt möglichst verschiedene Beispiele.

2
a. Stelle dir eine moderne radlose Zivilisation vor. Beschreibe eine Szene.
b. Was könntest du in deinem Alltag alles nicht machen, wenn es keine Räder gäbe?

Wie weit reicht das Rad?
3 Drei ganz verschiedene Fragen. Was haben sie gemeinsam?
   A Wie oft dreht sich ein Rad deines Fahrrades auf deinem Schulweg?
   B Kann man ein DIN-A4-Blatt um eine Konservendose wickeln?
   C Ein Satellit in 35 900 km Höhe über dem Äquator scheint stillzustehen, da er die Erde in genau 24 h umkreist. Welche Fluggeschwindigkeit hat er?

4
a. Macht auf dem Reifen eines Fahrrades eine Markierung. Messt, wie weit das Rad kommt, wenn es sich einmal dreht.
b. Vergleicht diese Distanz mit dem Durchmesser des Rades.
c. Macht das Gleiche mit einem kleineren Rad.

5
a. Messt bei verschiedenen kreisrunden Gegenständen Umfang und Durchmesser.
b. Erstellt eine Tabelle.
c. Zeichnet den Graphen der Zuordnung *Durchmesser ↦ Umfang*. Welche Bedeutung hat die Steigung des Graphen?
d. Vergleicht eure Ergebnisse. Was stellt ihr fest?

6
a. Zeichne in einen Kreis mit 200 mm Durchmesser einen Sektor mit Mittelpunktwinkel 10°.
b. Miss die Bogenlänge b auf halbe mm genau.
c. Berechne daraus den Kreisumfang und das Verhältnis $\frac{\text{Umfang}}{\text{Durchmesser}}$.

7 Vergleiche die Ergebnisse der Aufgaben 4 bis 6. Was kannst du zum Verhältnis zwischen Umfang und Durchmesser eines Kreises aussagen?

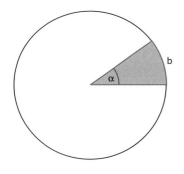

α Mittelpunktswinkel
b Bogen
■ Kreisausschnitt/Sektor

L *Längen von Kreislinien berechnen. Verhältnis Umfang zu Durchmesser bestimmen.*

$$\frac{\text{Umfang}}{\text{Durchmesser}} = \approx 3{,}14$$

So wie das Rad eine der wichtigsten technischen Errungenschaften darstellt, ist das Wissen um das Verhältnis $\frac{\text{Umfang}}{\text{Durchmesser}}$ eine der bedeutendsten mathematischen Erkenntnisse. Mehr über diese „Kreiszahl", deren Wert ca. 3,14 beträgt, erfährst du in der Lernumgebung 18 „Die Kreiszahl π".

8
a. Beschreibe diese Mörtelmühle.
b. Wie groß schätzst du den Durchmesser des Kreises, auf dem der Stein läuft?
c. Schätze andere Größen im Bild.
d. Wie viele Meter legt das äußere Rind bei einem Umlauf etwa zurück? Wie lange braucht man dazu ungefähr?
e. Formuliere weitere Fragen zu diesem Bild, die aufgrund von Berechnungen mit geschätzten Größen beantwortet werden können.

Woher der Meter kommt
Früher maß man bei uns die Längen zum Beispiel in Ellen. In Amerika sind Foot und Yard übliche Längenmaße. Der bei uns gebräuchliche Meter wurde um 1800 festgelegt und als ein Zehnmillionstel der Strecke vom Nordpol zum Äquator definiert.

9 Mit den Informationen aus obigem Text kannst du den Durchmesser der Erdkugel berechnen.

Wenn du aus festem Karton ein Dreieck ausschneidest, dann kannst du es auf einer Fingerspitze oder sogar auf einer Bleistiftspitze ausbalancieren, wenn du nur die richtige Auflegestelle findest. Aber wo liegt die?

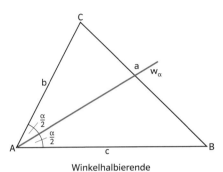

Winkelhalbierende

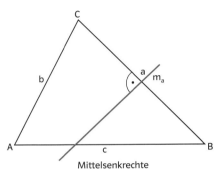

Mittelsenkrechte

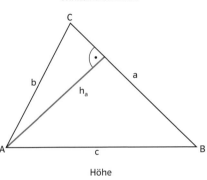

Höhe

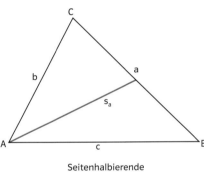

Seitenhalbierende

---

1 Z eichne auf einem Blatt Papier vier spitzwinklige Dreiecke und schneide sie aus.

a. Falte beim ersten Dreieck die drei Winkelhalbierenden w_α, w_β, w_γ der drei Winkel α, β und γ. Was stellst du fest?

b. Falte beim zweiten Dreieck die Mittelsenkrechten m_a, m_b, m_c der drei Seiten a, b, c. Was stellst du fest?

c. Falte beim dritten Dreieck die Höhen h_a, h_b, h_c. Was stellst du fest?

d. Falte beim vierten Dreieck die Seitenhalbierenden s_a, s_b, s_c. Was stellst du fest?

---

2 Zeichne mit der DGS ein großes Dreieck.

a. Konstruiere die Mittelsenkrechten und ziehe dann an einem der Eckpunkte. Was fällt dir auf? Bezeichne den Schnittpunkt der Mittelsenkrechten mit M und verbirg für die Folgeaufgaben die Mittelsenkrechten. Liegt M immer im Dreieck?

b. Verfahre genauso mit den Seitenhalbierenden. Nenne den Schnittpunkt dabei S.

c. Führe die Konstruktion auch für die Höhen mit dem Schnittpunkt H aus.

d. Ziehe an einem Eckpunkt. Welche Beziehung zwischen den drei Punkten vermutest du? Versuche deine Vermutung durch eine Zeichnung zu erhärten.

L *Eigenschaften von speziellen Linien und Punkten im Dreieck erkunden.*

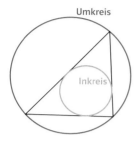

Umkreis

Inkreis

3 Zeichne mit der DGS wieder ein Dreieck.

a. Konstruiere den Schnittpunkt der Winkelhalbierenden W.

b. Begründe, warum W immer im Inneren des Dreiecks liegen muss.

c. Zeichne einen Kreis um W, der eine Seite des Dreiecks berührt. Was fällt dir auf? Untermauere deine Feststellung durch Ziehen an Eckpunkten.

d. Zeichne ein neues Dreieck und konstruiere den Punkt M wie in Aufgabe 2 a. Zeichne einen Kreis um M, der durch einen der Dreieckspunkte verläuft. Was fällt dir auf? Untermauere deine Feststellung durch Ziehen an Eckpunkten.

4 Zeichne mit der DGS drei Punkte.

a. Suche einen Punkt G, der von diesen drei Punkten gleich weit entfernt ist. Was kannst du über die Lage von G sagen, wenn du die Lage der Ausgangspunkte variierst?

b. Suche zu den drei Ausgangspunkten den Punkt F, sodass die Summe der Abstände dieses Punktes zu den Ausgangspunkten minimal wird. Variiere. Wann stimmen G und F überein?

5 Schneide ein Dreieck aus Karton aus.

a. Balanciere das Dreieck auf einem Lineal aus. Markiere die Auflagelinien. Was fällt dir auf?

b. Hängt eure Dreiecke im Klassenraum so an jeweils einem Faden auf, dass sie waagrecht in der Luft hängen.

Kornkreis bei Bishops Cannings

Sommer 1997: Tim Carson, ein Farmer im südenglischen Weiler Alton Barnes, traut seinen Augen kaum, als er es um fünf in der Frühe entdeckt: In seinem Kornfeld erstreckt sich ein geometrisches Muster aus ineinander verschlungenen Kreisen. Es muss zwischen Mitternacht und Morgendämmerung entstanden sein. Sonst hätten die Bewohner des nahen Campingplatzes etwas bemerkt. Viele von ihnen sind ja gerade wegen dieser geheimnisvollen Kornkreise hier, die in den letzten Jahren wiederholt in dieser Gegend aufgetaucht sind. Polly Carson, Tims Frau, ist überzeugt, dass dieses Muster nicht von Menschenhand gemacht ist. Andere meinen, es handle sich um einen Zeitvertreib junger Leute. Rätselhaft bleibt auf jeden Fall die große Genauigkeit der Muster und die Art, in der die Weizenhalme geknickt, aber nicht gebrochen sind. Weltweit tauchen jedes Jahr Dutzende solcher Kreisornamente in Kornfeldern auf. Man vermutet, dass sie Menschenwerk sind. Abschließende Erklärungen für die beeindruckenden Erscheinungen gibt es bisher nicht.

1 Einen dieser Kornkreise siehst du oben. Schätze den Flächeninhalt des gesamten Kornkreises. Erläutere deine Überlegungen hierzu ausführlich. Vergleicht eure Überlegungen und Ergebnisse miteinander.

L *Kreisfläche abschätzen und näherungsweise berechnen.*

Kreisfläche – Quadratfläche

Seit je hat der Kreis die Menschen fasziniert. Aus der Frage, wie man Umfang und Fläche kreisrunder Figuren berechnen könnte, entwickelten sich in der Mathematikgeschichte bis heute unzählige Ideen.

Eine der frühesten Anleitungen zur Berechnung von Kreisflächen stammt aus Ägypten. Bereits vor 4000 Jahren erkannten die Ägypter einen Zusammenhang zwischen kreisrunden (zylinderförmigen) und quadratischen (quaderförmigen) Gefäßen.

erhill, Juli 1999

evils Den, Juli 1999

ckhampton, Juli 1999

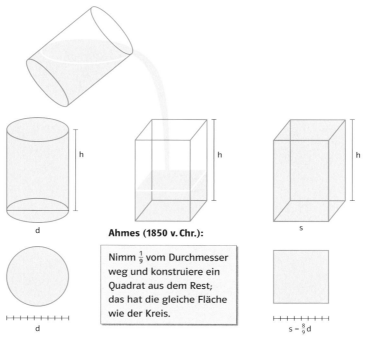

Ahmes (1850 v. Chr.):

Nimm $\frac{1}{9}$ vom Durchmesser weg und konstruiere ein Quadrat aus dem Rest; das hat die gleiche Fläche wie der Kreis.

$s = \frac{8}{9}d$

Die Ägypter stellten fest, dass beide Gefäße näherungsweise das gleiche Volumen besitzen, wenn sie gleich hoch sind und $s = \frac{8}{9}d$ ist. Daraus schlossen sie, dass die entsprechende Kreisfläche gleich groß wie die zugehörige Quadratfläche ist.

---

2 Erläutert diese Idee in einem kurzen Bericht.

3

a. Nehmt eine Dose. Messt den inneren Durchmesser und die Höhe. Stellt aus festem Karton einen zur Dose passenden Quader gemäß der ägyptischen Methode her.

b. Vergleicht die Inhalte der beiden Gefäße, indem ihr sie beispielsweise mit Reis füllt. Wie groß ist die Abweichung? Überlegt euch eine Möglichkeit, um diese sinnvoll anzugeben. Welche verschiedenen Ursachen kann die Abweichung haben?

4

a. Bestimme den Flächeninhalt eines Kreises mit 36 mm Durchmesser nach der ägyptischen Methode. Wähle weitere Durchmesser und bestimme die Flächeninhalte.

b. Beschreibe, wie du den Flächeninhalt eines beliebigen Kreises mit dem Durchmesser d nach der ägyptischen Methode bestimmen kannst.

---

5 Bestimmt die ungefähre Fläche des Kornkreises „Der Korb" bei Bishops Cannings mithilfe der ägyptischen Methode. Um wie viel Prozent hat sich dein Schätzwert gegenüber deinem Ergebnis aus Aufgabe 1 verändert?

Wörtlich übersetzt heißt Binom „Zwei Namen". In der Mathematik wird dieser Begriff immer dann verwendet, wenn eine Summe oder Differenz aus genau zwei Gliedern besteht. In Termen wie z. B. $(a + b)(c + d)$ oder $(x + y)^2$ werden Binome miteinander multipliziert. Auch viele Kunstwerke lassen sich so interpretieren.

Sechs vertikale systematische Farbreihen mit orangem Quadrat rechts oben 1968

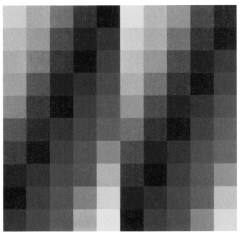

10 vertikale systematische Farbreihen 1955/1982

1 Binome in Bildern

Die beiden hier gedruckten Bilder sind von Richard Paul Lohse.

a. Wie würdest du die beiden Bilder nennen? Begründe.

b. Vergleiche beide Bilder mit der Quadratefolge und den Malkreuzen unten. Finde möglichst viele Zusammenhänge. Erläutere diese.

·	c	d
a	$a \cdot c$	$a \cdot d$
b	$b \cdot c$	$b \cdot d$

·	a	b
b	$a \cdot b$	b^2
c	$a \cdot c$	$b \cdot c$

c. Wo entdeckst du in Lohses Bildern Binome? Wo Produkte aus Binomen? Skizziere die Kunstwerke und die ausgewählten Ausschnitte in dein Heft und beschrifte passend.

Wenn man aus irgendeinem Grund für die Variablen nur natürliche Zahlen einsetzen möchte oder darf, dann wählt man gewöhnlich für die Variablen die Buchstaben m oder n (n wie „natürliche Zahl").

2 $(n + m)^2$

a. Um wie viele Einheitsquadrate verändert sich der Flächeninhalt eines Quadrates mit den Seitenlängen 1, 2, 3, 4, ... Längeneinheiten (LE), wenn man alle Seiten um eine LE vergrößert?

b. Wie ist das bei einem Quadrat mit beliebiger Seitenlänge? Stelle die Gesetzmäßigkeit anhand eines geeigneten Bildes dar und formuliere sie sowohl in Worten als auch algebraisch.

c. Untersucht systematisch die Veränderung bei Quadraten mit vorgegebener Seitenlänge n, deren Seiten man jeweils um 1, 2, 3, ... beliebig viele LE vergrößert. Stellt die Gesetzmäßigkeit anhand geeigneter Modelle dar und formuliert sie sowohl in Worten als auch algebraisch.

d. Welche Bedeutung hat in diesem Zusammenhang der Term $(n + m)^2$?

L *Binomische Formeln darstellen und begründen.*

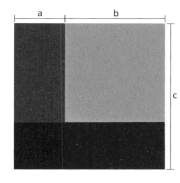

3 $(n - m)^2$

a. Die Abbildung zeigt einen Ausschnitt aus dem Bild „Sechs vertikale systematische Farbreihen…". Begründe jeweils:

Die Seitenlänge des orangefarbenen Quadrates lässt sich als Binom darstellen, nämlich $b = c - a$.

Der Flächeninhalt A dieses Quadrates lässt sich als Quadrat des Binoms $c - a$ darstellen, nämlich $A = (c - a)^2$.

b. Stelle den Term $A = (c - a)^2$ mithilfe eines Malkreuzes als Summe dar.

Erkläre anschließend den entstehenden Term mithilfe des Bildausschnittes.

c. Erläutere, warum es für diesen Bildausschnitt sinnvoll ist, andere Variablen als m und n zu wählen.

d. Zeichne eigene Figuren, mit deren Hilfe du Multiplikationen der Form $(n - m)^2$ veranschaulichen kannst. Erkläre mithilfe deiner eigenen Figuren die Formel $(n - m)^2 = n^2 - 2nm + m^2$. Formuliere die Regel auch in Worten.

4 $(n - m)(n + m)$

a. Untersucht systematisch, wie sich der Flächeninhalt von Quadraten verändert, wenn man die eine Seite um eine bestimmte Anzahl von Längeneinheiten verkürzt, die andere um die gleiche Anzahl von Längeneinheiten vergrößert.

b. Stellt diesen Zusammenhang in einem Bild dar.

c. Stellt diesen Sachverhalt allgemeingültig in einem Malkreuz, in Worten und in Form einer Gleichung dar.

5 Informiere dich über Richard Paul Lohse. In unzähligen seiner Bilder finden sich Flächen, anhand derer sich Formeln wie die binomischen Formeln veranschaulichen lassen.

Finde in seinen Bildern geeignete Ausschnitte. Gestalte dann ein eigenes Bild mit dem Titel: „Binomische Formeln".

Organisiert eine kleine Ausstellung.

Diese drei Formeln heißen „binomische Formeln":
$(a + b)^2 = a^2 + 2ab + b^2$
$(a - b)^2 = a^2 - 2ab + b^2$
$(a + b) \cdot (a - b) = a^2 - b^2$

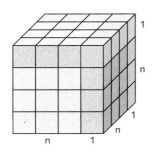

6 $(n + m)^3$

a. Untersuche mithilfe entsprechender Würfelgebäude, wie sich das Volumen eines Würfels mit der Seitenlänge 1, 2, 3, … Längeneinheiten vergrößert, wenn man die Seiten jeweils um 1 Längeneinheit vergrößert. Zeichne und stelle die Veränderung jeweils farbig dar. Welches Volumen hat der neue Würfel jeweils?

b. Stelle diesen Sachverhalt für einen Würfel beliebiger Seitenlänge zeichnerisch, allgemeingültig in Worten sowie als Gleichung dar.

c. Vergrößere die Seitenlängen eines beliebig großen Würfels jeweils um 1, 2, 3, … beliebig viele Längeneinheiten. Zeichne und rechne. Stelle den Sachverhalt zeichnerisch und algebraisch dar.

d. Stelle die Terme $(n + 1)^2$, $(n + 1)^3$, $(n + 1)^4$, … jeweils als Summe dar. Was beobachtest du?

·	n^2	$2 \cdot n$	1^2
n			
1			

Du hast bereits festgestellt, dass der Quotient aus Kreisumfang und Durchmesser immer konstant ist und ungefähr den Wert 3,14 hat. Gibt es für das Verhältnis von Kreisfläche zu Kreisradius auch einen konstanten Wert?

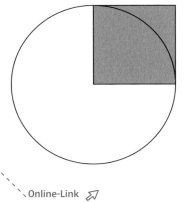

Online-Link ⤢
700181-1801
Hinweis zum Arbeitsjournal

1 In den letzten Jahrtausenden haben sich immer wieder Menschen auf die Suche nach einem Weg gemacht, um den Flächeninhalt eines Kreises möglichst genau zu bestimmen.

a. Überlege selbst, welche Möglichkeiten dir einfallen, um jede beliebige Kreisfläche möglichst genau ermitteln zu können.

b. Sammelt möglichst viele unterschiedliche Ideen und Vorgehensweisen in Gruppen.

c. Erstelle ein Arbeitsjournal zu einer dieser Ideen. Beachte dabei die Hinweise zum Arbeitsjournal in deinem Arbeitsheft oder im Online-Link.

d. Stellt euch gegenseitig eure Überlegungen und Ergebnisse vor. Welche eurer Ergebnisse haltet ihr für besonders genau? Begründet.

e. Vergleicht eure Ergebnisse auch mit dem Ergebnis der Ägypter. (Wenn ihr euch nicht mehr an die ägyptische Methode erinnert, schlagt im Lexikon ab S. 80 nach.)

2

a. Ca. 450 v. Chr. versuchten Antiphon und Bryson mit einer damals sehr neuen Idee, Kreisflächen mit einer noch höheren Genauigkeit zu berechnen: „Zunächst einmal zeichnet man in einen Kreis ein Sechseck. Anschließend verdoppelt man die Anzahl der Ecken immer wieder. Früher oder später erhält man dann ein Vieleck mit derart vielen Seiten, dass es annähernd ein Kreis ist." Veranschauliche die Vorgehensweise der beiden.

b. Bryson führte einen zweiten, damals revolutionären Schritt ein: Er berechnete die Flächen zweier Vielecke, die den Kreis jeweils von innen und außen begrenzen, …
A Setze die Überlegungen Brysons sinnvoll fort.
B Führe sein Verfahren für einige Figuren durch. Was beobachtest du?

c. Etwa 200 Jahre später hat Archimedes die Flächen des inneren und des äußeren 96-ecks berechnet. Ganz ohne Taschenrechner! Er zeigte, dass der Kreis mindestens $\frac{223}{71}$ und höchstens $\frac{220}{70}$ mal so groß ist wie das Radiusquadrat. Vergleicht diese Werte mit den Ergebnissen, die man mithilfe der ägyptischen Methode erhält und euren eigenen Ergebnissen aus Aufgabe 1.

Kreise

A   B   C

Anordnung

3 Das Verhältnis von Kreisfläche zu Radiusquadrat
Dieses Verhältnis scheint einen ähnlichen Wert anzunehmen wie der Quotient aus von Kreisumfang zu Durchmesser. Aber ist es tatsächlich gleich?

a. Die Anordnung im Bild links gehört zu Kreis A. Zeichne die entsprechenden Anordnungen zu Kreis B und Kreis C. Was beobachtest du?

b. Überlege: Was passiert, wenn man die Figurenfolge weiter fortsetzt? Welche Figur entsteht? Welche Maße hat sie? Beschreibe das Ergebnis deines Gedankenexperiments in Worten und skizziere es.

c. Versucht, die Ausgangsfrage dieser Aufgabe mithilfe des Gedankenexperiments zu beantworten.

L *Kreisfläche näherungsweise berechnen; Bedeutung der Zahl π benennen.*

π ist der 16. Buchstabe des griechischen Alphabets. Es ist jeweils der erste Buchstabe der griechischen Wörter περιφέρεια *periphereia* für „Randbereich" bzw. περίμετρος *perimetros* für Umfang.

π

3,141

5926535

8979323846

2643383279502

8841971693993751

. . .

- - - - - - - - - - - - - - - - -

$$\pi = \frac{\text{Umfang}}{\text{Durchmesser}}$$

$$\pi = \frac{\text{Kreisfläche}}{\text{Radiusquadrat}}$$

- - - - - - - - - - - - - - - - -

Ich frage mich, wie es Archimedes geschafft hat, ganz ohne Taschenrechner solche Genauigkeiten zu erzielen.

Wie lang bräuchte wohl Chao Lu für das Memorieren von 1,2 Billionen Stellen? Wie viel Platz bräuchte man, wenn man sie alle aufschreiben wollte?

Wie kann man denn die Formeln von Vieta und Wallis benutzen? Wie genau kommt man damit an π heran? Gibt es da noch andere solcher Formeln?

An welcher Nachkommastelle steht mein Geburtstag?

Wo taucht zum Beispiel die Ziffernfolge 10031957 auf? Gibt es irgendwo auch sieben Nullen hintereinander?
Um Frage eins zu beantworten: Die Folge 1003157 findet sich an Position 60 567 732. Und ja, auch siebenstellige Folgen ein und derselben Ziffer (außer 2 und 4) tauchen unter der ersten Million Stellen auf. Und auch wenn es verrückt klingt: Mathematiker vermuten, dass es in der unendlich langen Ziffernreihe auch 20 Nullen hintereinander gibt, 40 Einsen oder 600 Dreien. Die 20 Nullen sollten sogar genauso häufig auftreten wie 20 Einsen, Zweien oder Achten.

Rekorde I

Der Chinese *Chao Lu* ist seit 20. November 2005 offizieller Weltrekordhalter mit bestätigten 67 890 Nachkommastellen, die er fehlerfrei in einer Zeit von 24 Stunden und 4 Minuten aufsagte. Ein inoffizieller Weltrekord wurde später aufgestellt von Akira Haraguchi und liegt bei über 100 000 Stellen (Stand 10/2006). Den deutschen Rekord hält Jan Harms mit 9 140 Stellen. Nachkommastellen.

Mathematische Darstellungen I

Der französische Mathematiker **Vieta** (1540 – 1603) ermittelte nicht nur mithilfe von zwei 393 216-ecken die Zahl pi auf 10 Stellen genau, er leitete auch (vermutlich als erster) eine Formel für π in Form eines unendlichen Produktes ab:

$$\frac{\sqrt{2}}{2} \cdot \frac{\sqrt{2+\sqrt{2}}}{2} \cdot \frac{\sqrt{2+\sqrt{2+\sqrt{2}}}}{2} \cdot \ldots = \frac{2}{\pi}$$

Mathematische Darstellungen II

Der Engländer **John Wallis** verwendete zur Berechnung der Kreisfläche „unendlich kleine" Rechtecke. Dabei hat er folgende Formel ausgearbeitet:

$$\frac{\pi}{2} = \frac{2 \cdot 2 \cdot 4 \cdot 4 \cdot 6 \cdot 6 \cdot 8 \cdot \ldots}{1 \cdot 3 \cdot 3 \cdot 5 \cdot 5 \cdot 7 \cdot 7 \cdot \ldots}$$

Rekorde II

Yasumasa Kanada hatte die Zahl π bereits im Jahr 1999 auf über 200 Millionen Stellen genau bestimmt. Mithilfe eines Super-Computers schraubte er diesen Rekord bereits 3 Jahre später auf mehr als 1,2 Billionen Stellen hoch.

4 Offenbar haben sich im Laufe der Geschichte bis heute außergewöhnlich viele Menschen mit der Zahl π beschäftigt. Welcher Aspekt erscheint dir persönlich in Verbindung mit dieser Zahl am interessantesten? Formuliere eine Fragestellung an der du selbst noch einmal intensiv arbeiten möchtest und die sich für ein Arbeitsjournal eignet. Recherchiere die notwendigen Informationen, erstelle einen Arbeitsplan, führe ihn durch, dokumentiere und reflektiere ihn dann.

Wer	Wann	Näherungswert
Babylonier	um 2000 v. Chr.	$\frac{25}{8}$
Ägypter	17. Jhd. v. Chr.	$\left(\frac{16}{9}\right)^2$
Tsu Chung Chih/China	5. Jhd. n. Chr.	$\frac{355}{113}$
Brahmagupta/Indien	7. Jhd. n. Chr.	$\sqrt{10}$
Al-Hwarizmi/Arabien	Um 800	3,1416
Vieta/Frankreich	1593	3,1415926536

Viele Menschen spielen Lotto. Beim Lotto in Deutschland werden sechs Zahlen aus einem von 1 bis 49 bestehenden Zahlenquadrat auf einem Tippschein angekreuzt. Bei der späteren Ziehung werden von den 49 Kugeln (mit Zahlen von 1 bis 49) sechs gezogen: die Gewinnzahlen. Wer alle sechs Gewinnzahlen richtig tippt, hat „6 Richtige".

Minilotto

1 In einer Schachtel sind Kugeln mit den Zahlen 1, 2, 3, 4, 5. Schreibt drei dieser Zahlen auf einen „Lottozettel". Jemand aus der Klasse zieht drei Kugeln aus der Schachtel. Führt mehrere Ziehungen durch.

a. Wie viele Zahlen hast du richtig getippt?

b. Erstellt mit den Ergebnissen aus der Klasse eine Statistik.

c. Was stellt ihr fest? Sucht nach Gründen.

2

a. Schreibt alle möglichen Ziehungen auf: Zum Beispiel 123, 124, …

b. Nehmt an, dass bei einer Ziehung die Zahlen 2, 4 und 5 gezogen wurden. Wie viele Tipps mit null, mit einer, mit zwei und mit drei richtigen Zahlen gibt es?

3

a. Schätzt allgemein: In wie viel Prozent aller Fälle werden bei diesem Spiel null, eins, zwei oder drei richtige Zahlen getippt?

b. Vergleicht mit der Statistik aus Aufgabe 1.

4 In den bisherigen Aufgaben habt ihr 3 aus 5 Zahlen gezogen. Ändert die Spielregeln und untersucht einen der folgenden Fälle genauer:

3 aus 6
3 aus 7
4 aus 7
3 aus 8
4 aus 8

Führt zuerst Ziehungen durch und haltet anschließend eure Überlegungen fest. Vergleicht, was ihr herausgefunden habt. Wo ist die Chance zu gewinnen größer? Begründe.

Glücksspiel kann süchtig machen. Deshalb stehen auf jedem Lottoschein ein entsprechender Warnhinweis und Adressen für Hilfsangebote bei Suchtgefahr.

5 Jede Woche werden mehrere Millionen Lotto-Tipps abgegeben. Was ist bei diesem Spiel anders als beim „Minilotto"?

L *Experimente zur Kombinatorik und Wahrscheinlichkeit durchführen und hinterfragen. Rechnungen durchführen.*

LEA gewinnt

Eine Klasse möchte an einem Schulfest einen Glücksstand anbieten und damit etwas Geld für einen guten Zweck einnehmen. Folgendes Spiel wird diskutiert: In einer Schachtel sind 3 Kugeln, eine mit dem Buchstaben L, eine mit E und eine mit A. Wer spielen will, bezahlt einen Einsatz von 50 Cent und zieht nacheinander die 3 Kugeln aus der Schachtel. Werden die 3 Buchstaben in der Reihenfolge L – E – A gezogen, gewinnt die Spielerin oder der Spieler einen Betrag, sonst geht der Einsatz verloren.

- - - - - - - - - - - - - - -

Ein Zufallsexperiment, bei dem alle Elementarereignisse gleich wahrscheinlich sind, heißt **Laplace-Experiment.**

- - - - - - - - - - - - - - -

6

a. Führt das Spiel mehrere Male durch. Notiert Erfolge und Misserfolge.

b. Notiert sämtliche möglichen „Wörter", die bei einer Ziehung entstehen können.

c. Legt einen Gewinnbetrag für die Reihenfolge L – E – A fest. Schätzt den Erlös der Klassenkasse und überprüft durch Experimente.

d. Christian und Ole diskutieren über die Wahrscheinlichkeit zu gewinnen. Ole möchte lieber ALE als Gewinnwort. Christian: „Es ist doch total egal, ob LEA das Gewinnwort ist oder ALE. Unter den ganzen „Wörtern", die man ziehen kann, kommt jedes genau einmal vor und daher ist doch auch die Wahrscheinlichkeit für jedes Wort $\frac{1}{6}$." Erkläre, was Christian meint.

Man kann die Anzahl möglicher Anordnungen von drei Elementen, zum Beispiel der Buchstaben A, B, C, mithilfe eines Baumdiagramms bestimmen.

Permutationen
mit den Buchstaben A, B, C

1. Buchstabe
3 Möglichkeiten

2. Buchstabe
2 Möglichkeiten

3. Buchstabe
1 Möglichkeit

Bei 3 Elementen ergibt es $3 \cdot 2 \cdot 1$ verschiedene Anordnungen, sogenannte **Permutationen.**

permutare – (ver)tauschen

Bei 4 Elementen ergibt dies $4 \cdot 3 \cdot 2 \cdot 1 = 4!$ verschiedene **Permutationen.**

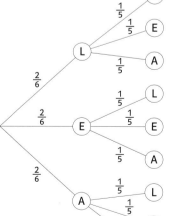

7

a. Was ändert sich, wenn L – E – A durch A – N – N – E ersetzt wird? Verwende zur besseren Übersicht ein Baumdiagramm.

b. Was ändert sich, wenn in der Urne die Buchstaben O, O, T, T liegen und O – T – T – O gezogen werden soll?

c. Erfindet ein Spiel, bei dem die Buchstaben L, E, A oder B, E, N, I durch Zahlen ersetzt werden. Formuliert Spielregeln.

8 Matthias hat das Spiel LEA etwas variiert. Er hat jetzt für jeden Buchstaben 2 Kugeln in eine Schachtel gelegt.

a. Schreibe eine kurze Anleitung, in der du deinem Nachbarn den Aufbau und Sinn des Baumdiagramms erklärst.

b. Erkläre die Zahlen an den einzelnen Ästen des Baumdiagramms. Ergänze im Heft die fehlenden Zahlen.

 Wie viel Geld wird in Deutschland pro Jahr beim Lottospielen eingesetzt?

Oft besteht kein proportionaler Zusammenhang zwischen zwei Größen, sondern ein linearer. Was ist der Unterschied?

Verbrauchsabrechnung				e WERK
Bezeichnung	Zeitraum	Menge	Preis je Einheit	Nettobetrag
Messpreis	17.04.08 – 31.12.08	259 Tage	69,579 €/Jahr	49,24 €
Arbeitspreis	17.04.08 – 31.12.08	1183 kWh	15,765 Ct/kWh	186,50 €
Stromsteuer	17.04.08 – 31.12.08	1183 kWh	2,050 Ct/kWh	24,25 €
Rechnungsbetrag Strom			**Nettoentgelt**	259,99 €
			19 % MwSt.	49,40 €
			Stromentgelt	309,39 €

1

a. Was bedeuten die einzelnen Angaben in der Stromrechnung? Diskutiert eure Vermutungen und fragt nach, wenn ihr einzelne Posten nicht versteht.

b. Man möchte aus einem Graphen ungefähr ablesen können, wie hoch der Stromverbrauchspreis ohne Messpreis und ohne Mehrwertsteuer ist. Zeichne einen entsprechenden Graphen im Bereich von 0 kWh bis 3000 kWh. Wie gehst du vor?

c. Finde eine Gleichung, mit der sich für einen bestimmten Verbrauch der Betrag von Teilaufgabe b. berechnen lässt.

d. Zeichne nun einen Graphen, der auch den Messpreis für ein Jahr berücksichtigt. Finde auch dazu eine Gleichung.

e. Zeichne nun einen Graphen, der sowohl den Messpreis für ein Jahr als auch die Mehrwertsteuer mit berücksichtigt. Wie könnte hier eine passende Gleichung aussehen?

Eine **lineare Funktion** stellt einen linearen Zusammenhang zwischen zwei Variablen dar.
Alle Gleichungen linearer Funktionen sind vom Typ
$f(x) = ax + b$ oder
$y = ax + b$, wobei a die Steigung angibt und $(0|b)$ der Punkt ist, an dem der Graph der Funktion die y-Achse schneidet.

2

a. Warum handelt es sich bei den Graphen in Aufgabe 1 um Darstellungen linearer Funktionen?

b. Was unterscheidet den Graphen zu Aufgabe 1b. von den Graphen in d. und e.? Woran sieht man das in der Gleichung?

c. Welche Bedeutungen haben a und b für die Graphen aus Aufgabe 1?

Geraden im Koordinatensystem

3 Betrachtet man nur den reinen Strompreis ohne Stromsteuer und Mehrwertsteuer für ein Jahr, so ergibt sich eine lineare Funktion, deren Gleichung folgendermaßen aussehen könnte: $f(x) = 0,15765 x + 69,579$

a. Was gibt die Variable x an? Was bedeutet $f(x)$ in Zusammenhang mit dem Strompreis?

b. Begründe, warum der Punkt $(1200|258,759)$ auf der Geraden zu der Funktion liegt.

c. Begründe, warum der Punkt $(1000|400)$ nicht auf der Geraden zu der Funktion liegt.

d. Welchen x-Wert muss der Punkt $P(x|148,404)$ haben, damit er auf der Geraden liegt? Beschreibe, wie du vorgehst.

e. Welchen y-Wert muss der Punkt $Q(650|y)$ haben, damit er auf der Geraden liegt? Beschreibe, wie du vorgehst.

L *Lineare Funktionen in unterschiedlichen Darstellungen und Modellen kennenlernen.*

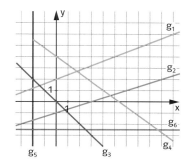

4 Ordne jeweils Gleichung, entsprechende Tabelle und entsprechenden Graphen zu.

A	x	−2	0	2	5	10
	y	2	0	−2	−5	−10

B	x	−2	0	2	5	10
	y	−2,5	−2,5	−2,5	−2,5	−2,5

C	x	−2	0	2	5	10
	y	$-\frac{5}{3}$	−1	$-\frac{1}{3}$	$\frac{2}{3}$	$\frac{7}{3}$

D	x	−2	0	2	5	10
	y	5,5	4	2,5	0,25	−3,5

E	x	−2	0	2	5	10
	y	1,2	2	2,8	4	6

F	x	−2	−2	−2	−2	−2
	y	4	2	1	0	−1

Gleichung 1 $y = -x$

Gleichung 2 $y = \frac{2}{5}x + 2$

Gleichung 3 $y = \frac{1}{3}x - 1$

Gleichung 4 $y = -2,5$

Gleichung 5 $x = -2$

Gleichung 6 $y = -\frac{3}{4}x + 4$

Online-Link
700181-2001
Funktionenplotter in GEONExT

5 Untersuche die in Aufgabe 3 genannte Gerade mit dem Funktionenplotter oder dem GTR.

a. Was passiert mit der Gerade, wenn der Messpreis pro Jahr erhöht wird?

b. Was passiert mit der Gerade, wenn der Strompreis pro Kilowattstunde sinkt?

Beziehungen zwischen Geraden

6 Gegeben ist eine Gerade durch die Gleichung $y = \frac{1}{2}x - 3$.

a. Erstelle eine Wertetabelle für diese Gerade und stelle sie in einem Koordinatensystem dar.

b. Spiegle den Graphen dieser Geraden an der y-Achse. Erstelle dazu eine passende Tabelle. Beschreibe diese Gerade durch eine Gleichung.

c. Führe das Gleiche mit anderen Geraden durch. Beschreibe, was sich durch die Spiegelung an der y-Achse in der Gleichung verändert.

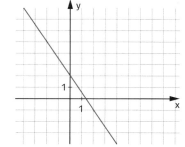

7 Gegeben ist der Graph links.

a. Beschreibe den Graphen durch eine Wertetabelle und eine Gleichung.

b. Verschiebe den Graphen parallel in y-Richtung um die Werte 2, −2, −4. Beschreibe diese Geraden je durch eine Gleichung.

c. Führe das Gleiche mit anderen Geraden durch. Beschreibe, was sich durch die Verschiebung parallel zur y-Achse in der Gleichung verändert.

Um ein Motiv ganz aufs Foto zu bekommen, musst du vielleicht ein paar Schitte rückwärtsgehen.
Das hängt vom Aufnahmewinkel deines Kameraobjektivs ab.

100°   74°   46°

28°   23°   12°

Bildwinkel

Der von einem Objektiv erfasste Bildwinkel bestimmt, welcher Szenenausschnitt aufs Bild kommt. Der Bildwinkel hängt unter anderem von der Brennweite des Objektivs ab: Wenn die Brennweite kürzer ist, dann ist der Bildwinkel größer. Eine „normale" Brennweite von 50 mm entspricht etwa dem Sehwinkel des menschlichen Auges (aktiv betrachteter Ausschnitt: ca. 45°). Weitwinkelobjektive haben einen Bildwinkel von mindestens 60° und werden in der Landschaftsfotografie und in engen Räumen eingesetzt. Teleobjektive holen entfernte Details heran. Mit ihrem engen Bildwinkel verdichten sie die Bildaussage.

1 Kommentiere die Bildfolge. Welche Bilder wurden mit einem Weitwinkelobjektiv aufgenommen, welche mit einem Teleobjektiv? Welches Bild entspricht am ehesten dem natürlichen Blickwinkel unserer Augen?

2 Besorgt euch Fotokameras. Sprecht euch ab. Es sollte in jeder Gruppe mindestens eine Kamera vorhanden sein. Bestimmt durch Messen des Sichtbereichs die Bildwinkel der Objektive. Bei einem Zoom-Objektiv gibt es einen maximalen und einen minimalen Bildwinkel.

3 Betrachtet mit der Kamera ein breites Objekt, zum Beispiel ein Fußballtor. Sucht eine Stelle, von der aus das Objekt in der Breite genau das Bild füllt. Markiert diese Stelle am Boden. Sucht mit der gleichen Objektiveinstellung mindestens sechs weitere solche Standpunkte und markiert sie.

4 Zeichnet einen maßstabgetreuen Plan der Situation. Tragt darin das beobachtete Objekt und die markierten Standpunkte ein.

L *Mittelpunktwinkelsatz, Umfangswinkelsatz und Satz des Thales beweisen.*

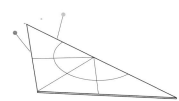

5 Vergleicht eure Ergebnisse, stellt Vermutungen an und schreibt sie auf.

Ein Experiment am Modell

6 Stecke zwei Reißnägel drei Finger breit auseinander in eine Kartonunterlage. Schiebe das Geodreieck mit dem spitzen Winkel voran dazwischen bis zum Anschlag. Markiere auf der Unterlage den Eckpunkt. Bestimme mindestens acht weitere derartige Punkte.

7 Wiederhole das Experiment mit der rechtwinkligen Ecke des Geodreiecks.

8 Vergleicht eure Ergebnisse der Aufgaben 6 und 7 mit der Vermutung aus Aufgabe 5.

9 Zeichne ein Dreieck und miss den Außenwinkel α' und die beiden Innenwinkel β und γ. Dies kannst du auf Papier oder mit deiner DGS machen. Du kannst vermuten, dass $\alpha' \approx \beta + \gamma$.
Du kannst aber auch beweisen, dass das exakt so ist.

I.	$\alpha' + \alpha = 180°$	| α' und α sind Nebenwinkel
II.	$\alpha + \beta + \gamma = 180°$	| Innenwinkelsumme im Dreieck
III.	$\alpha' + \alpha = \alpha + \beta + \gamma$	| folgt aus I. und II.
IV.	$\alpha' = \beta + \gamma$	| von beiden Seiten α subtrahiert.

Quod erat demonstrandum (lat.: „Was zu beweisen war")
Überprüfe an einem Dreieck mit $\beta = 60°$ und $\gamma = 80°$.

10 Mit dem Ergebnis aus Aufgabe 9 kannst du die Vermutungen von Aufgabe 5 bzw. Aufgabe 8 beweisen. Dabei können dir die abgebildeten Figuren helfen.

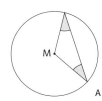

Thales von Milet
Im 6. Jahrhundert vor Christus traten fast gleichzeitig in verschiedenen Kulturen große Denker auf. In den blühenden griechischen Handelsstädten an der kleinasiatischen Küste wirkten zur gleichen Zeit die ersten abendländischen Philosophen und Wissenschaftler. Zu ihnen gehörten Thales von Milet und Pythagoras von Samos.

11 Thales sagt: „Der Winkel im Halbkreis ist ein rechter."

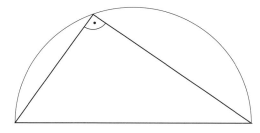

a. Erläutere, was Thales damit gemeint hat.
b. Informiert euch über Thales von Milet.
c. Gilt auch die umgekehrte Aussage: „Wenn ein Dreieck einen rechten Winkel hat, liegt der Scheitelpunkt des rechten Winkels auf dem Halbkreis über der Hypotenuse."? Vergleiche auch mit Aufgabe 5 des Arbeitsheftes zu Lernumgebung 11 „Pythagoras-Parkette" bzw. dem Online-Link.

Online-Link
700181-2101
Arbeitsheftaufgabe

Mantelflächen herstellen

1 Aus einem DIN-A4-Blatt kann man Mantelflächen ganz unterschiedlicher Körper formen und kleben. Betrachtet man eine Mantelfläche, kann man sich die dazugehörende Grund- und Deckfläche und den entsprechenden Körper vorstellen.

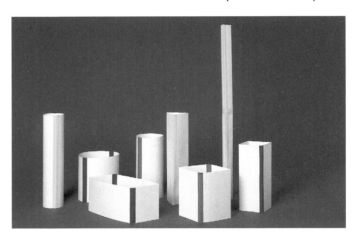

Die Volumenformel für Prismen und Zylinder lautet:
Volumen ist Grundfläche mal Körperhöhe:
$V = G \cdot h_K$

---

a. Stellt aus einem DIN-A4-Blatt jeweils Mantelflächen verschiedener solcher Körper her.
b. Erstellt eine Tabelle für eure Körper (A, B, C ...).

	Höhe (cm)	Grundfläche (cm²)	Oberfläche (cm²)	Volumen (cm³)
A				
B				
...				

c. Welcher eurer Körper hat das größte, welcher das kleinste Volumen? Vergleicht die Form.
d. Stellt aus einem DIN-A4-Blatt je eine Mantelfläche zu einem Körper mit möglichst großem und möglichst kleinem Volumen her.

Oberflächen optimieren

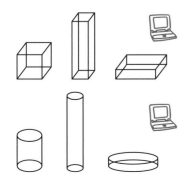

2 Ein Quader mit quadratischer Grundfläche soll ein Volumen von einem Liter aufweisen.
a. Berechnet die Längen möglicher Grundkanten und Höhen und Oberflächen solcher Quader. Stellt die Ergebnisse übersichtlich dar.
b. Welcher Quader hat die kleinste Oberfläche?

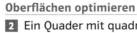

3 Ein Zylinder soll ein Volumen von einem Liter aufweisen (1 l = 1 dm³).
a. Berechnet mögliche Radien und Höhen solcher Zylinder. Stellt die Ergebnisse übersichtlich dar.
b. Welcher Zylinder hat die kleinste Oberfläche?

L *Oberflächen und Volumen von Prismen und Zylindern berechnen.*

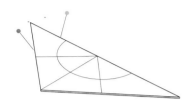

5 Vergleicht eure Ergebnisse, stellt Vermutungen an und schreibt sie auf.

Ein Experiment am Modell

6 Stecke zwei Reißnägel drei Finger breit auseinander in eine Kartonunterlage. Schiebe das Geodreieck mit dem spitzen Winkel voran dazwischen bis zum Anschlag. Markiere auf der Unterlage den Eckpunkt. Bestimme mindestens acht weitere derartige Punkte.

7 Wiederhole das Experiment mit der rechtwinkligen Ecke des Geodreiecks.

8 Vergleicht eure Ergebnisse der Aufgaben 6 und 7 mit der Vermutung aus Aufgabe 5.

9 Zeichne ein Dreieck und miss den Außenwinkel α′ und die beiden Innenwinkel β und γ. Dies kannst du auf Papier oder mit deiner DGS machen. Du kannst vermuten, dass α′ ≈ β + γ.
Du kannst aber auch beweisen, dass das exakt so ist.

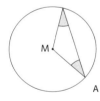

I.	α′ + α = 180°	| α′ und α sind Nebenwinkel
II.	α + β + γ = 180°	| Innenwinkelsumme im Dreieck
III.	α′ + α = α + β + γ	| folgt aus I. und II.
IV.	α′ = β + γ	| von beiden Seiten α subtrahiert.

Quod erat demonstrandum (lat.: „Was zu beweisen war")
Überprüfe an einem Dreieck mit β = 60° und γ = 80°.

10 Mit dem Ergebnis aus Aufgabe 9 kannst du die Vermutungen von Aufgabe 5 bzw. Aufgabe 8 beweisen. Dabei können dir die abgebildeten Figuren helfen.

Thales von Milet
Im 6. Jahrhundert vor Christus traten fast gleichzeitig in verschiedenen Kulturen große Denker auf. In den blühenden griechischen Handelsstädten an der kleinasiatischen Küste wirkten zur gleichen Zeit die ersten abendländischen Philosophen und Wissenschaftler. Zu ihnen gehörten Thales von Milet und Pythagoras von Samos.

11 Thales sagt: „Der Winkel im Halbkreis ist ein rechter."

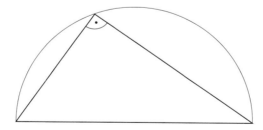

a. Erläutere, was Thales damit gemeint hat.
b. Informiert euch über Thales von Milet.
c. Gilt auch die umgekehrte Aussage: „Wenn ein Dreieck einen rechten Winkel hat, liegt der Scheitelpunkt des rechten Winkels auf dem Halbkreis über der Hypotenuse."? Vergleiche auch mit Aufgabe 5 des Arbeitsheftes zu Lernumgebung 11 „Pythagoras-Parkette" bzw. dem Online-Link.

Online-Link
700181-2101
Arbeitsheftaufgabe

Mantelflächen herstellen

1 Aus einem DIN-A4-Blatt kann man Mantelflächen ganz unterschiedlicher Körper formen und kleben. Betrachtet man eine Mantelfläche, kann man sich die dazugehörende Grund- und Deckfläche und den entsprechenden Körper vorstellen.

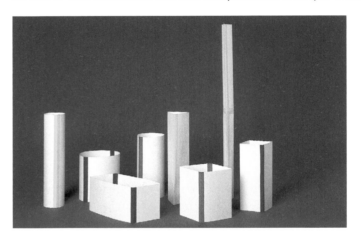

Die Volumenformel für Prismen und Zylinder lautet:
Volumen ist Grundfläche mal Körperhöhe:
$V = G \cdot h_K$

a. Stellt aus einem DIN-A4-Blatt jeweils Mantelflächen verschiedener solcher Körper her.
b. Erstellt eine Tabelle für eure Körper (A, B, C ...).

	Höhe (cm)	Grundfläche (cm²)	Oberfläche (cm²)	Volumen (cm³)
A				
B				
...				

c. Welcher eurer Körper hat das größte, welcher das kleinste Volumen? Vergleicht die Form.
d. Stellt aus einem DIN-A4-Blatt je eine Mantelfläche zu einem Körper mit möglichst großem und möglichst kleinem Volumen her.

Oberflächen optimieren

2 Ein Quader mit quadratischer Grundfläche soll ein Volumen von einem Liter aufweisen.
a. Berechnet die Längen möglicher Grundkanten und Höhen und Oberflächen solcher Quader. Stellt die Ergebnisse übersichtlich dar.
b. Welcher Quader hat die kleinste Oberfläche?

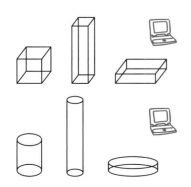

3 Ein Zylinder soll ein Volumen von einem Liter aufweisen (1 l = 1 dm³).
a. Berechnet mögliche Radien und Höhen solcher Zylinder. Stellt die Ergebnisse übersichtlich dar.
b. Welcher Zylinder hat die kleinste Oberfläche?

L *Oberflächen und Volumen von Prismen und Zylindern berechnen.*

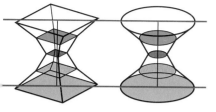

Volumen berechnen

Der italienische Mathematiker Bonaventura Cavalieri (etwa 1598 bis 1647) hat das folgende Prinzip entdeckt und bewiesen: Zwei Körper, die auf gleicher Höhe geschnitten immer die gleiche Fläche haben, besitzen gleiches Volumen. Mit dem Prinzip von Cavalieri lassen sich auch die Volumen von schiefen Prismen und schiefen Zylindern berechnen.

Online-Link
700181-2201
Kopiervorlage

4 Bei allen unten abgebildeten Körpern kann man das Volumen mit der Volumenformel für Prismen berechnen. Die Schwierigkeit besteht manchmal darin, die Grundfläche zu sehen.

a. Färbe auf der Kopiervorlage bei allen Körpern eine geeignete Grundfläche.

b. Berechne bei einigen Körpern das Volumen mit $s = 6\,cm$.

c. Beschreibe das Volumen der Körper mit einem Term.

d. Welchen Anteil macht das Volumen der Körper im Vergleich zum Würfelvolumen jeweils aus?

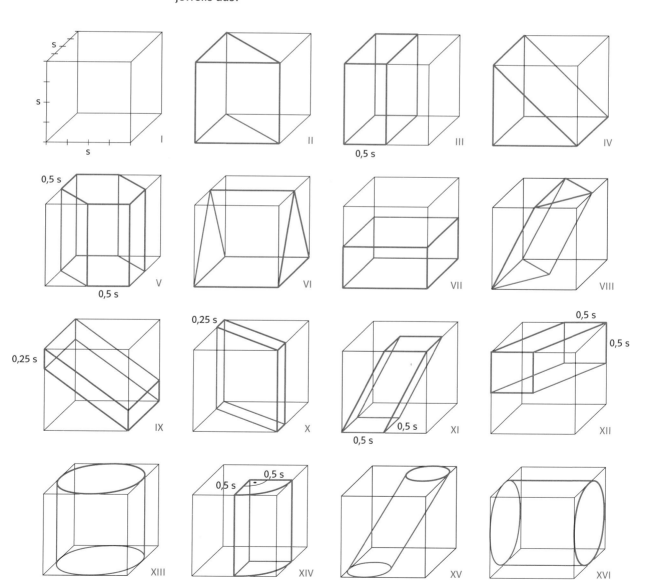

Aus dem antiken Griechenland ist folgende Legende überliefert: „Auf der Insel Delos war eine Seuche ausgebrochen. In ihrer Verzweiflung suchten die Delier Hilfe beim berühmten Orakel von Delphi. Dieses prophezeite: ‚Die Seuche wird verschwinden, wenn ihr den Altar des Gottes Apollon in seinem Volumen verdoppeln könnt, ohne seine Form zu verändern.'" Der Altar war würfelförmig. Die Delier sandten nach den besten Mathematikern ihrer Zeit. Aber das Problem, zu einem gegebenen Würfel einen Würfel mit doppelt so großem Volumen zu konstruieren, ist nicht lösbar.

Oberfläche verdoppeln

Aus einem Würfel soll ein Quader hergestellt werden. Der Quader soll die gleiche Grundfläche wie der Würfel besitzen. Die Oberfläche des Quaders soll doppelt so groß sein wie die Oberfläche des Würfels. Wie hoch muss der Quader sein?

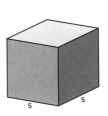
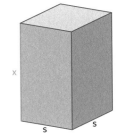

---

1 Hier seht ihr vier verschiedene Lösungswege zu diesem Problem. Vergleicht sie. Erklärt euch gegenseitig die unterschiedlichen Vorgehensweisen. Welcher Weg scheint euch der einfachste? Warum?

A Wir gehen von einem bestimmten Würfel aus:

Kantenlänge (s)	Oberfläche (O)
s = 3 cm	O = 54 cm²

Wir experimentieren mit verschiedenen Höhen x:

Höhe (x)	Oberfläche (O')	
x_1 = 6 cm	O' = 90 cm²	(zu wenig)
x_2 = 9 cm	O' = 126 cm²	(zu viel)
x_3 = 8 cm	O' = 114 cm²	(zu viel)
x_4 = 7 cm	O' = 102 cm²	(zu wenig)
x_5 = 7,5 cm	O' = 108 cm²	

C Wir gehen von der Formel für die Würfeloberfläche aus:

$O = 6s^2$

Wir experimentieren mit Quadern der Höhe x:

$O' = 2s^2 + 4sx$ (Boden, Deckel, Mantel)

Höhe (x)	Oberfläche (O')
x_1 = 2s	$O' = 2s^2 + 4s \cdot 2s = 10s^2$ (zu wenig)
x_2 = 3s	$O' = 2s^2 + 4s \cdot 3s = 14s^2$ (zu viel)
x_3 = 2,5s	$O' = 2s^2 + 4s \cdot 2,5s = 12s^2$

B Wir gehen von einem bestimmten Würfel aus:

Kantenlänge (s)	Oberfläche (O)
s = 3 cm	O = 54 cm²

Wir berechnen den Quader mit der doppelten Oberfläche:

Oberfläche (O')	O' = 108 cm²
Grundfläche (G)	G = 9 cm²
Mantelfläche (M)	M = 90 cm²
Seitenfläche (A)	A = 22,5 cm²
Höhe (x)	x = 7,5 cm

D Wir gehen von der Formel für die Würfeloberfläche aus:

$O = 6s^2$

Wir berechnen den Quader mit der doppelten Oberfläche:

Oberfläche	$O' = 12s^2$
	$O' = 2s^2 + 4sx$
	O' = 20

$2s^2 + 4sx = 12s^2$

$4sx = 10s^2$

$x = 2,5s$

Präsentiert zu einigen der folgenden Aufgaben eure Lösungen.

Oberfläche halbieren

2 In welcher Höhe muss ein Würfel geschnitten werden, damit ein Quader eine halb so große Oberfläche hat wie der ganze Würfel?

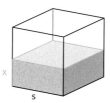

Kanten verdoppeln, Kanten halbieren

3 Untersucht das entsprechende Problem für die Gesamtlänge der Kanten. Ein Würfel wird zu einem Quader gestreckt.
Die Summe der Kantenlängen soll verdoppelt werden. Wie hoch muss der Quader sein?

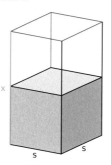

4 Und wie ist es, wenn die Gesamtlänge der Kanten halbiert werden soll?

Würfelvolumen verändern

5 Das Volumen eines Würfels soll verachtfacht werden.
a. Ein Würfel hat eine Seitenlänge von 3 cm. Welche Seitenlänge hat ein Würfel mit einem achtmal so großem Volumen?
b. Jetzt hat der ursprüngliche Würfel die Seitenlänge a.

6 Das Volumen soll 27-mal kleiner werden.
a. Ein Würfel hat eine Seitenlänge von 6 dm. Welche Seitenlänge hat ein Würfel mit einem 27-mal kleineren Volumen?
b. Jetzt hat der ursprüngliche Würfel die Seitenlänge a.

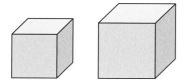

7 Beim Altar von Delos sollte bei Beibehaltung der Würfelform das Würfelvolumen verdoppelt werden.
a. Begründe, warum eine Seitenlänge größer als das Original, aber kleiner als doppelt so lang sein muss.
b. Wie viel größer wird das Volumen ungefähr, wenn man jede Seite um 40 % verlängert?
c. Bestimme näherungsweise, welche Seitenlänge die Einwohner von Delos für den größeren Würfel hätten wählen müssen.

Ein Parkett ist eine vollständige, überlappungsfreie Überdeckung der Ebene durch Vielecke.

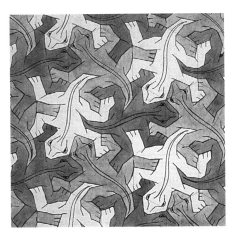 

Die Kunst des Maurits Cornelis Escher

Um aus einfachen Parketten neue, interessantere zu machen, gibt es grundsätzlich zwei Wege:
1. Die Bausteine der Parkettierung werden verziert.
2. Die Form der Bausteine wird verändert.
Der holländische Künstler M.C. Escher (1898–1972) hat es wie kein anderer verstanden, diese beiden Wege zu verbinden.

Kunstvolle Parkette herstellen

1 Verformen eines Quadrates oder eines Parallelogramms
Behauptung: Mit der so entstandenen Figur lässt sich die Ebene parkettieren.

Überprüfe diese Behauptung mit einer eigenen Figur. Variante: Gehe von einem Parallelogramm aus.

2 Die hohe Schule

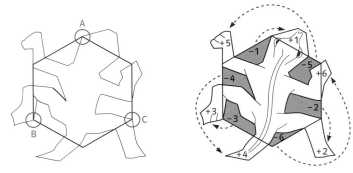

Wende die mit obigen Bildern beschriebene Technik an, um eigene Kunstwerke zu schaffen.

L *Verschiedene Typen ebener Parkette herstellen.*

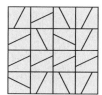

Die Parkette des Roger Penrose

Alle Parkette auf der vorangehenden Seite sind periodisch:

Es lässt sich immer ein Teilstück finden, aus dem das Muster durch wiederholtes Anlegen erzeugt werden kann.

Es ist relativ einfach, nicht-periodische Parkette herzustellen. Dazu fügt man zum Beispiel in einem Parkett aus Quadraten in jedes Quadrat eine Strecke ein und wählt die Orientierung dieser Strecke völlig zufällig und chaotisch. Allerdings kann man mit den so entstandenen Bausteinen die Ebene natürlich auch periodisch parkettieren.

Der Mathematiker **Roger Penrose** (*1931) hat als einer der Ersten nicht-periodische Parkettierungen mit einer kleinen Anzahl verschiedener Bausteine gefunden, die keine periodischen Parkettierungen zulassen. In den Siebzigerjahren des letzten Jahrhunderts untersuchte Roger Penrose das seit Pythagoras symbolträchtige Pentagramm. Er entnahm dem fünfzackigen Stern gelbe Drachen (engl. Kites) und braune Pfeile (engl. Darts).

Setzt man diese gelben und braunen Teile derart aneinander, dass grüne Punkte stets auf grünen und rote stets auf roten liegen, so entsteht eine fugenlose Bedeckung der Ebene. Es zeigt sich, dass mit der Regel der grünen und roten Punkte eine periodische Parkettierung nicht möglich ist.

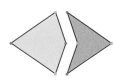

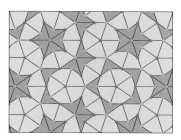

Inzwischen gibt es unzählige Varianten von Penrose-Parketten.

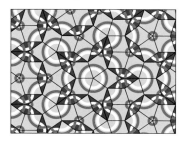

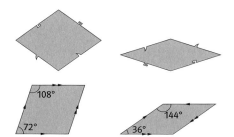

Die Bausteine des Parketts sind hier zwei spezielle Parallelogramme, die so aneinandergelegt werden müssen, dass die eingezeichneten Aussparungen ineinander passen.

---

3 Schneide aus der Kopiervorlage die Bausteine des Penrose-Parketts aus. Konstruiere Kite und Dart nach obiger Skizze.

---

4 Lege Muster wie oben abgebildet. Begründe, weshalb nicht-periodische Parkette entstehen.

Online-Link ↗
700181-2401
Kopiervorlage
Penrose-Parkett

25 Rekordverdächtige Geschwindigkeiten

In bestimmten Situationen sind hohe Geschwindigkeiten erwünscht.
Es gibt jedoch Situationen, in denen hohe Geschwindigkeiten gefährlich sind oder sogar Leben bedrohen können.

1 Knoten ≈ 1,835 km/h

1 m.p.h. (Miles per hour)
≈ 1,609 km/h

Windstärke 12 auf der Beaufort-Skala entspricht 118 km/h und mehr.

1 Gib Beispiele an, in denen hohe Geschwindigkeiten …
a. … nützlich oder erwünscht sind.
b. … gefährlich oder lebensbedrohend sind.
c. Wie hoch sind die Geschwindigkeiten in deinen Beispielen? Schätze!

2 Geschwindigkeiten werden unterschiedlich beschrieben:
- Orkan Lothar fegte im Dezember 1999 mit Windstärke 12 über Deutschland hinweg.
- Der stärkste bisher hier registrierte Tornado tobte 2005 in Bayern mit 98 Knoten.
- Hurrikan Bill kam 2009 in der Karibik auf Spitzengeschwindigkeiten von 115 m.p.h.!
a. Wandelt die genannten Werte in andere Geschwindigkeitsangaben um.
b. Sucht im Internet weitere Angaben, in denen Geschwindigkeiten umgewandelt werden können. Erstellt daraus ähnliche Aufgaben, die ihr dann in der Klasse austauscht.

3 Vergleiche die folgenden rekordverdächtigen Geschwindigkeiten miteinander.
a. Plane dabei dein Vorgehen genau: Welche Arbeitsschritte sind notwendig? Welche Entscheidungen müssen getroffen werden? Welche Hilfsmittel werden benötigt?
b. Führe den Vergleich durch und präsentiere deine Ergebnisse in geeigneter Form.
c. Überprüfe dein Vorgehen: Bist du vom Arbeitsplan abgewichen? Gab es Probleme und wenn ja, wie konnten sie gelöst werden?

Der Hurrikan Katrina gehört zu den stärksten tropischen Wirbelstürmen, die jemals beobachtet wurden. Er fegte im August 2005 über die amerikanische Golfküste und entfaltete Windgeschwindigkeiten bis zu 175 m.p.h. Die damit einhergehende Sturmflut ließ New Orleans im Wasser versinken. Es starben mehr als 1800 Menschen. Die entstandenen Schäden belaufen sich auf 600 Milliarden Dollar.

Das Königreich Tonga liegt auf einer Inselgruppe im Süden des Stillen Ozeans und hat rund 100 000 Einwohner. Die Inselgruppe bewegt sich jedes Jahr um 10 cm in Richtung Samoa. Dies ist die größte Landbewegung, die auf der Erde stattfindet.

Weltrekord
Die höchsten Windgeschwindigkeiten, die je gemessen wurden, gab es auf dem Mount Washington. Am 12.04.1934 fegte ein Sturm mit 372 km/h über den Berg, dies wurde von der dort ansässigen meteorologischen Forschungsstation aufgezeichnet.

L *Informationen aus Texten entnehmen.*
Geschwindigkeiten beschreiben, berechnen und vergleichen.
Modelle überprüfen und anpassen.

Der Jakobshavn-Gletscher in Grönland ist der sich am schnellsten bewegende Gletscher der Erde. Sein Eis bewegt sich mit einer Fließgeschwindigkeit von 40 m pro Tag in Richtung Polarmeer. Gleichzeitig wird die Ausdehnung des Gletschers Richtung Polarmeer durch abschmelzendes Eis immer geringer.

Bis Ende des letzten Jahrhunderts wies der Gletscher noch eine Fließgeschwindigkeit von ca. 20 m pro Tag auf. Vier Prozent des gestiegenen Meeresspiegels wird durch das abschmelzende Eis dieses Gletschers verursacht.

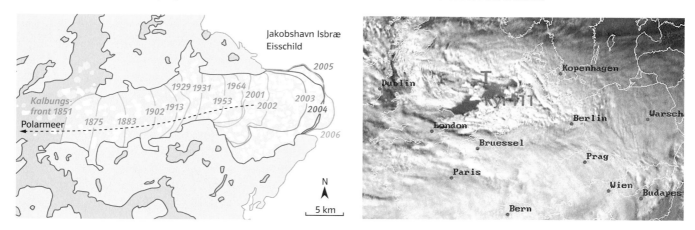

Am 18.01.2007 traf der Orkan Kyrill mit voller Wucht West- und Mitteleuropa, es wurden Spitzenwerte in Böen von über 100 Knoten gemessen.

Es herrschten chaotische Verhältnisse: Der Zugverkehr wurde eingestellt, es kam zu Stromausfällen, die Schulen wurden vorübergehend geschlossen. Allein in Deutschland kamen 13 Menschen ums Leben. In Nordrhein-Westfalen gab es die größten Waldschäden aller Zeiten.

Der Vulkan Nyirogongo (Kongo) ist einer der aktivsten Vulkane Afrikas. Am 10.01.1977 brach der 3470 m hohe Vulkan an mehreren Stellen aus. Einer der Lavaströme kam dabei nach 45 Minuten und einer zurückgelegten Strecke von 21 km kurz vor dem Flughafen in Goma zum Stillstand. Dabei starben mehr als 700 Menschen. Bei einem Ausbruch im Januar 2002 wurde die Hälfte der Stadt Goma zerstört.

Auf dem Racetrack Playa im Death Valley bewegen sich größere und kleinere Steine ohne sichtbare Einwirkung. Anhand von Beobachtungen stellte man fest, dass einige von ihnen mit einer Geschwindigkeit von mehr als 1 m pro Sekunde unterwegs gewesen sein müssen. Eine gesicherte Erklärung für das Phänomen gibt es bisher nicht.

Zwei Terme können das Gleiche bedeuten, obwohl sie auf den ersten Blick unterschiedlich aussehen.

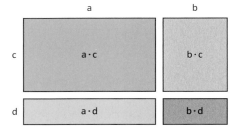 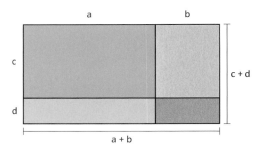

$a \cdot c + b \cdot c + a \cdot d + b \cdot d$
Summe aus vier Summanden.
Jeder Summand ist ein Produkt
mit zwei Faktoren.

$(a + b) \cdot (c + d)$
Produkt aus zwei Faktoren.
Jeder Faktor ist eine Summe
mit zwei Summanden.

1 Finde eine Veranschaulichung für den Fall, dass auch negative Summanden auftreten.

2 Behauptung: Der Weg von P nach Q entlang des großen Halbkreises ist genau so lang wie der Weg entlang der beiden kleineren Halbkreise.

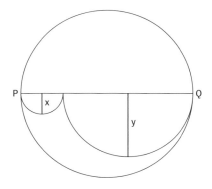 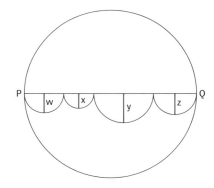

a. Zeige, dass diese Behauptung stimmt. Beschreibe dazu die Weglängen auch mithilfe von unterschiedlichen Termen. Begründe, warum sie das Gleiche bedeuten.
b. Zeige, dass die Weglänge immer noch gleich groß ist, wenn drei verschieden große Halbkreise von P nach Q führen. Verfahre ähnlich wie in Aufgabe a.
c. Zeige, dass die Weglänge unabhängig von der Anzahl der Halbkreise ist.

L *Faktoren erkennen, die ausgeklammert werden können;*
Vorteile des Faktorisierens erkennen und nutzen.

Oft kann man Summen oder Differenzen als Produkte darstellen. Diese Art von Termumformung nennt man Faktorisieren.

Faktor · Faktor = Produkt

Wir unterscheiden drei Fälle

1. Fall: Ausklammern
$6xy + 9y^2 = 3y(2x + 3y)$

2. Fall: Faktorisieren mithilfe der binomischen Formeln
$x^2 + 6xy + 9y^2 = (x + 3y)^2$

3. Fall: Faktorisieren mithilfe anderer Binome
$-8x^2 + 6xy + 9y^2$
$= (4x + 3y)(-2x + 3y)$

---

3 Drei Fälle des Faktorisierens

a. Mit welchem der drei im Infokasten beschriebenen Fälle hat dein Lösungsweg aus Aufgabe 1 etwas gemeinsam? Erläutere.

b. Veranschauliche alle drei Fälle mithilfe geeigneter Modelle. Finde für jeden der Fälle auch ein Beispiel mit negativen Summanden.

c. Erläutere jeweils die Vorgehensweise für die Beispiele A und B. Welche weiteren Möglichkeiten findest du für Beispiel C?

A $x^2 + 8x + 16$

·	x	4
x	x^2	4x
4	4x	16

$= (x + 4)^2$

B $x^2 + 8x + 15$

·	x	5
x	x^2	5x
3	3x	15

$= (x + 3)(x + 5)$

C $x^2 + 8x + a$

·	x
x	

$= ?$

d. Welchen Wert muss a in Beispiel C annehmen, damit „Fall 1" vorliegt? Kann der Wert für a auch negativ sein? Wie gehst du vor?

---

4 Stelle diese Terme jeweils mithilfe eines Malkreuzes dar. Warum ist es schwierig, sie als Rechtecke darzustellen?

a. $a^2 + 3a - 4$ b. $z^2 - 20z + 19$ c. $u^2 - 5u - 5$ d. $12 - 8b + b^2$

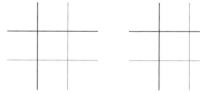

e. Findet weitere Summen, die sich auf diese Art faktorisieren lassen und solche, bei denen das nicht funktioniert. Tauscht sie untereinander aus.

---

5 Mehmet behauptet:

„Ich habe eine prima Möglichkeit gefunden, um Gleichungen wie z. B. $x^2 - 6x + 5 = 0$ zu lösen. Man muss einfach nur zwei Zahlen a und b finden, sodass das Produkt $a \cdot b = 5$ ist und die Summe $a + b = -6$. Dann kann man den Term auf der linken Seite der Gleichung faktorisieren und hat damit die Gleichung $(x + a) \cdot (x + b) = 0$. Jetzt kann ich die zwei Lösungen direkt ablesen: $x_1 = -a$ und $x_2 = -b$!"

a. Überprüfe Mehmets Behauptungen und begründe.

b. Welche der folgenden Gleichungen kann man mit Mehmets Idee lösen? Welche nicht? Begründe.

A $x^2 + 7x + 12 = 0$ **B** $x^2 + 7x + 12 = 2$ **C** $x^2 + 7x + 4 = 0$
D $2x^2 - 16x + 30 = 0$ **E** $2x^2 - 16x + 30 = 2$ **F** $2x^2 - 16x + 30 = -2$

---

6 Schreibe einen kleinen Bericht darüber, in welchen Zusammenhängen es hilfreich ist, aus Summen Produkte zu bilden und wo das umgekehrte Vorgehen sinnvoll ist.

Welchen Handytarif nutzt du? Besitzt du einen Vertrag oder eine Prepaidkarte? Bist du dir sicher, dass du den günstigsten Tarif gewählt hast oder waren andere Gründe für deine Entscheidung maßgebend?

O_2	O_2 o	Mobile Flat (200 SMS free!)	Mobile Flat
Grundgebühr ohne Handy	0 €	20 €	16 €
Preis pro Minute ins deutsche Festnetz und zu O_2	0,15 €	0 €	0 €
Preis pro Minute in andere Mobilfunknetze	0,15 €	0,29 €	0,23 €
Preis pro SMS	0,15 €	0,19 €	0,15 €
Mobiles Surfen	0,09 € pro Minute	0,09 € pro Minute	0,07 € pro Minute
Taktung	60/60	60/60	60/60
Mailboxabfrage	0,15 €	0 €	0 €
Im Grundpreis enthalten	–	200 SMS	–

E-Plus	Time and More 150	Zehnsation	Zehnsation prepaid
Grundgebühr ohne Handy	10 €	5 €	– (Preise gelten nur ab Aufladung von 20 €)
Preis pro Minute ins deutsche Festnetz und zu E-Plus	0,29 €	0,10 €	0,10 €
Preis pro Minute in andere Mobilfunknetze	0,29 €	0,10 €	0,10 €
Preis pro SMS	0,29 €	0,10 €	0,20 €
Mobiles Surfen	0,06 € pro angefangene 10 kB	0,06 € pro angefangene 10 kB	0,19 € pro angefangene 100 kB
Taktung	60/60	60/60	60/30
Mailboxabfrage	0,29 €	0,10 €	0,10 €
Im Grundpreis enthalten	150 Minuten oder SMS	–	25 SMS

T-Mobile	Max Flat M Friends	Relax 60	Xtra-Card (Prepaid)
Grundgebühr ohne Handy	19,99 €	9,95 €	–
Preis pro Minute ins Festnetz und zu T-Mobile	0 €	0,29 €	0,19 € (zu T-Mobile: 0,05 €)
Preis pro Minute in andere Mobilfunknetze	0,29 €	0,29 €	0,19 €
Preis pro SMS	0,19 € (zu T-Mobile kostenlos)	0,19 €	0,19 € (zu T-Mobile: 0,05 €)
Mobiles Surfen	Tarif zubuchbar	Tarif zubuchbar	0,09 € pro Minute
Taktung	60/1	60/1	60/60
Mailboxabfrage	0 €	0 €	0,05 €
Im Grundpreis enthalten	SMS zu T-Mobile	60 Minuten	–

(Stand: 2009)

1 Die Ausgaben für mobiles Telefonieren steigen seit Jahren an, obwohl Telefonieren mit dem Handy immer billiger wird. Im Durchschnitt gaben Jugendliche 2006 pro Monat 18 Euro dafür aus. Der „Tarifdschungel" der Anbieter ist schwer zu überblicken.

a. Erkläre den Begriff „Tarifdschungel". Was bedeutet 60/60 oder 60/1?

b. Nimm an, du hast pro Monat ca. 20 € für dein Handy zur Verfügung. Für welchen Tarif würdest du dich entscheiden? Begründe deine Entscheidung.

c. Berechne für jedes Angebot die monatlichen Kosten, wenn du pro Monat ca. 20 Minuten telefonierst (15 Minuten eigenes Netz oder Festnetz und 5 Minuten fremde Netze) und ca. 100 SMS versendest.

d. Vergleiche deine Ergebnisse aus Teilaufgabe c. mit deiner Wahl aus Teilaufgabe b.

e. Erstelle mithilfe der Tabellenkalkulation einen Vergleichsrechner für eigenes Netz, fremdes Netz und SMS.

L *Realsituationen in mathematische Modelle übersetzen; Grenzen der Modellierung begründen; mathematischen Modellen passende Realsituationen zuordnen.*

2 Hier sind die drei Tarife von E-Plus für den SMS-Versand als Graphen dargestellt.

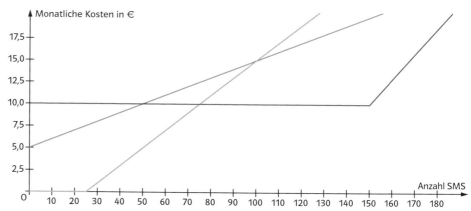

a. Welcher Graph gehört zu welchem Tarif? Gib jeweils die Gleichungen an, die man benutzt.

b. Worin könnten die Probleme in der grafischen Darstellung liegen?

c. Wann ist unter diesen Bedingungen welcher Tarif am günstigsten?

3 Zeichne entsprechende Graphen zu den Tarifen von O_2.

4 Ordne die Handytarife für Telefonate ins eigene Netz und ins Festnetz den Typen von Funktionsgraphen zu. Begründe deine Entscheidung. Bei welchen Tarifen ist die Zuordnung eher schwierig.
Versuche das Gleiche für die SMS-Tarife der einzelnen Anbietermodelle.

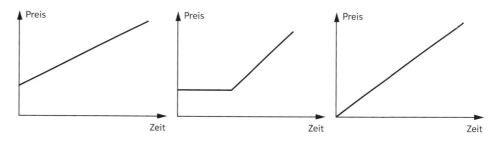

5 Es könnte auch andere Tarifmodelle geben. Wie könnten die Tarife zu folgenden Graphen aussehen? Entwirf zu zweien davon einen Werbeslogan.

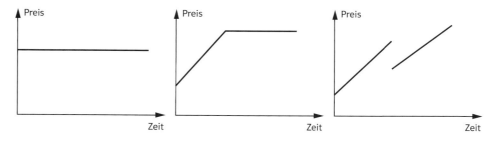

6 Du sollst jemanden bei der Wahl seines Handytarifs beraten. Auf welche Dinge musst du achten, was ist eher unwichtig? Welche Unterschiede gibt es eventuell zwischen Jugendlichen und Erwachsenen? Verfasse einen Zeitungsartikel, indem du auf die wichtigsten Dinge hinweist und einen Rat für Vieltelefonierer gibst.

Was haben das Treppensteigen und Sonnenblumen gemeinsam?

Ist jeder natürlichen Zahl in eindeutiger Weise eine Zahl zugeordnet, so spricht man von einer **Folge**.
Das n-te Glied der Folge wird mit f(n) bezeichnet.

Bei der Folge der Primzahlen gilt:
f(1) = 2
f(2) = 3
f(3) = 5
f(4) = 7 usw.
Für diese Folge ist keine Folgenvorschrift bekannt.

1

a. Notiert die Folge der Quadratzahlen.

b. Notiert die Folge der Stammbrüche.

c. Die Folge aus Teilaufgabe b. hat die Folgenvorschrift $f(n) = \frac{1}{n}$. Erklärt euch das gegenseitig.

d. Schreibt für $f(n) = \frac{n^2 - 1}{n}$ die ersten zehn Folgenglieder auf.

2 Versucht, für die Folgen die nächsten Folgenglieder und eine Folgenvorschrift anzugeben.

a. 1, 3, 5, 7, 9, 11, …

b. 9, 13, 17, 21, 25, …

c. 2, 6, 12, 20, 30, 42, …

d. $\frac{1}{2}, \frac{4}{7}, \frac{5}{8}, \frac{2}{3}, \frac{7}{10}, \cdots$

e. 2, 1, 4, 3, 6, 5, 8, …

Eine Folge heißt **rekursiv definiert**, wenn sich die Folgenwerte aus Vorgängerwerten berechnen lassen. Das Wort rekursiv stammt aus dem Lateinischen. Recurrere heißt zurücklaufen.

---

3 Fibonacci hieß eigentlich Leonardo von Pisa. Er wurde aber Fibonacci (Sohn des Bonacci) genannt. In Algerien, wo sein Vater eine Handelsniederlassung leitete, lernte Leonardo die arabischen Ziffern und die indischen Rechenverfahren kennen. Um 1200 kehrte er nach Pisa zurück und veröffentlichte dort im Jahr 1202 ein Rechenbuch: Liber Abaci. Dieses Buch enthielt viele Aufgaben aus dem Bereich des kaufmännischen Rechnens wie Umrechnungen und Zinsrechnungen. Für Variablen verwendete er damals schon den Buchstaben x. Das Buch wurde dann in der damaligen Zeit häufig als Lehrbuch verwendet. Dank dieses Buches verbreitet sich die neue Schreibweise für Zahlen sehr rasch und sie ersetzte die alte unpraktischere römische Schreibweise. Besondere Berühmtheit erreichte die sogenannte Kaninchenaufgabe aus diesem Buch. Dabei entwickelt sich eine Kaninchenpopulation nach der sogenannten Fibonacci-Folge.

Hier siehst du die ersten Folgenwerte der Fibonacci-Folge. Sie wurden mit einer Tabellenkalkulation ausgerechnet.

	A	B	C	D	E	F	G	H	I	J	K	L	M	N	O	P	Q
1 n	1	2	3	4	5	6	7	8	9	10	11	12	13	14	15	16	17
2 f(n)	1	1	2	3	5	8	13	21	34	55	89	144	233	377	610	987	1597

Diese Folge ist rekursiv definiert und hat die Folgenvorschrift:
f(1) = 1 und f(2) = 1 und f(n) = f(n − 1) + f(n − 2) für n > 2.

a. Überprüft die Bedingung und berechnet die nächsten drei Fibonacci-Zahlen.

b. Erzeugt mit der Tabellenkalkulation selbst eine Tabelle für die ersten 25 Fibonacci-Zahlen.

c. Berechnet zusätzlich mit der Tabellenkalkulation für Fibonacci-Zahlen den Term
$f^2(n) - f(n - 1) \cdot f(n + 1)$. Was fällt euch auf? Überlegt, warum dieser Term nicht 0 werden kann.

L *Zahlenfolgen beschreiben und untersuchen.*

Online-Link ⊿
700181-2801
Kopiervorlage
Spiralen

4 Fibonacci-Zahlen kommen unter anderem auch bei bestimmten Pflanzen vor. Auf den Abbildungen erkennt man Schuppen oder Kerne, die spiralförmig angeordnet sind. Es gibt Spiralen im Uhrzeigersinn und gegen den Uhrzeigersinn. Versucht jeweils die Anzahl der Spiralen zu zählen (Kopiervorlage). Was fällt euch auf?

  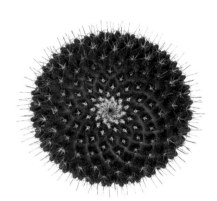

5 Wenn man eine Treppe hinaufgeht, kann man sich bei jeder Stufe die Frage stellen: „Nehme ich die Stufe oder überspringe ich sie?" Die erste Stufe muss auf jeden Fall betreten werden. Auf wie viele verschiedene Arten kann man nun die Treppe herauf gehen?
Präsentiert eure Lösungen.

Der griechische Philosoph Zenon lebte von ca. 490 bis 430 v. Chr. Er erfand folgende Geschichte: „Der sportliche Held Achilles rennt zehnmal so schnell wie eine Schildkröte. Er lässt der Schildkröte einen Vorsprung von 100 m. Beide starten gleichzeitig. Bis Achilles den Startpunkt der Schildkröte erreicht, ist diese bereits an einem neuen Ort. Bis Achilles diesen Ort erreicht, ist die Schildkröte …" Wie geht die Geschichte weiter?

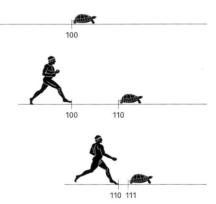

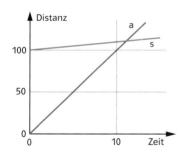

1 In diesem Diagramm stellt die Gerade a die Bewegung von Achilles dar. Die Gerade s veranschaulicht die Bewegung der Schildkröte.

a. Was bedeutet diese Darstellung? Diskutiere mit deinem Nachbarn.

b. Gib zu den beiden Geraden eine Funktionsgleichung an. Interpretiere die Steigung.

c. Berechne den Punkt, an dem Achilles die Schildkröte einholt. Wie gehst du vor?

d. Wie viel Meter Vorsprung müsste die Schildkröte haben, damit Achilles sie nach einer Distanz von 200 m einholt?

e. Nimm mithilfe der Grafik Stellung zu dem Problem von Zenon.

2 Zeichne in einem Koordinatensystem zwei Geraden ein, die sich im Punkt $P(1|3)$ schneiden.

a. Gib für beide Geraden die jeweilige Funktionsgleichung an.

b. Wie kannst du überprüfen, ob deine Gleichungen richtig sind? Beschreibe, wie du vorgehst.

c. Finde ohne Zeichnung eine dritte Gerade, die die beiden anderen auch im Punkt P schneidet. Wie gehst du vor?

d. Stelle zwei Funktionsgleichungen von Geraden auf, die sich im Punkt $Q(-2|5)$ schneiden.

L *Lineare Gleichungssysteme zeichnerisch und rechnerisch lösen.*

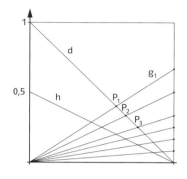

3 Ein Quadrat hat die Eckpunkte $(0\,|\,0)$, $(1\,|\,0)$, $(1\,|\,1)$ und $(0\,|\,1)$. Auf der rechten Seite des Quadrates sind folgende Punkte gegeben: $\left(1\,\big|\,\tfrac{2}{3}\right)$, $\left(1\,\big|\,\tfrac{1}{2}\right)$, $\left(1\,\big|\,\tfrac{1}{3}\right)$, $\left(1\,\big|\,\tfrac{1}{4}\right)$, $\left(1\,\big|\,\tfrac{1}{6}\right)$, $\left(1\,\big|\,\tfrac{1}{12}\right)$.
Von $(0\,|\,0)$ aus führen Geraden g_1, g_2, ..., g_6 durch die gegebenen Punkte.
Die Geraden schneiden die Diagonale d in den Punkten P_1, P_2, ..., P_6.

a. Berechne die Koordinaten der Punkte P_1, P_2, ..., P_6.
b. Berechne die Koordinaten der Schnittpunkte von h mit g_1, g_2, ..., g_6.

4

a. Lies aus der Zeichnung die Funktionsgleichungen der einzelnen Geraden ab.
b. Lies aus der Zeichnung die Schnittpunkte ab. Welche Probleme treten auf?

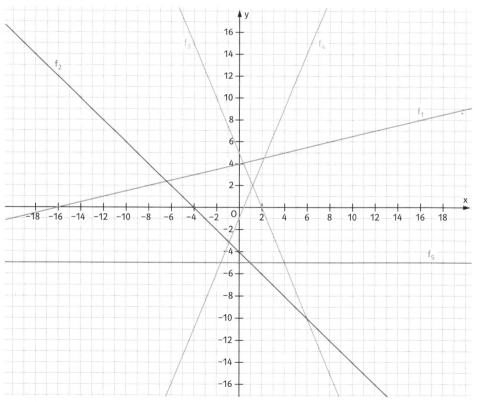

c. Berechne die Koordinaten der einzelnen Schnittpunkte.
d. Formuliere eine Anleitung für die Berechnung eines Schnittpunktes zweier Geraden.
e. Erfinde zu zwei Geraden eine Geschichte. Was bedeutet der Schnittpunkt der Graphen für die Geschichte?

Boxen knacken kennst du. Doch wie gelingt es dir, sie schnell und effizient zu knacken?

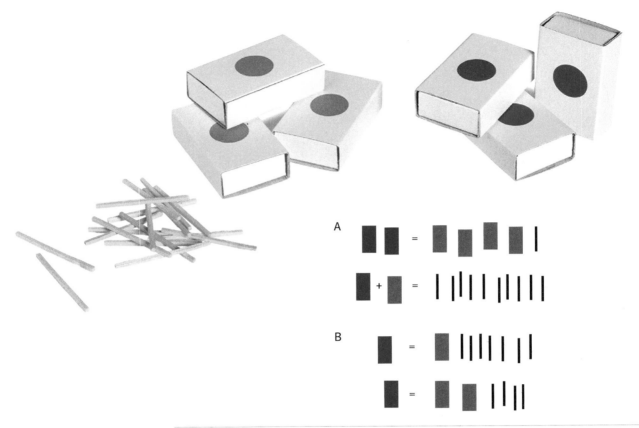

1 Boxen knacken

a. Bei welcher der beiden Situationen fällt es dir leichter, die Boxen zu knacken? Begründe.

b. Übersetze beide Situationen in algebraische Gleichungen und versuche mathematisch zu begründen.

c. Gib selbst zwei Gleichungen an, die gleichzeitig erfüllt sein müssen und die man leicht lösen kann. Gib sie deinem Partner zum Lösen. Wie gehst du vor?

d. Gib nun zwei Gleichungen an, die gleichzeitig erfüllt sein müssen und die schwierig zu lösen sind. Wie gehst du hier vor?

Mehrere Gleichungen mit mehreren Variablen, die gleichzeitig erfüllt werden müssen, bezeichnet man als **Gleichungssystem**.

Ein **lineares Gleichungssystem** enthält nur Gleichungen, in denen die Variablen lediglich in der ersten Potenz vorkommen.

---

2 Lineare Gleichungssysteme mit zwei Variablen und zwei Gleichungen:

I $y = 2x - 4$ I $3x + 5y = -30$

II $y = -3x + 6$ II $5x - 3y = 120$

Um solche Gleichungssysteme schnell lösen zu können, muss man zunächst aus zweien eins machen, also beide Gleichungen so zu einer Gleichung verbinden, dass nur eine Variable übrig bleibt.

a. Wie könnte das im ersten Fall gelingen?

b. Was müsste man im zweiten Fall mit den einzelnen Gleichungen zunächst tun, damit es funktioniert?

c. Wie bekommt man den Wert der zweiten Variable heraus, wenn man den Wert der ersten Variable ausgerechnet hat?

d. Fred hat für das zweite Gleichungssystem $x = 15$ und $y = -15$ herausbekommen. Wie kannst du überprüfen, ob er Recht hat?

L *Lineare Gleichungssysteme systematisch lösen.*

Online-Link
700181-2901
Gleichungssysteme
graphisch lösen in
GEONExT

3 Zeichnerisch lösen

Wenn man die Gleichungen im ersten Gleichungssystem aus Aufgabe 2 als Funktionsgleichungen auffasst, kann man auch die entsprechenden Graphen zeichnen. Dazu
kannst du auch einen Funktionenplotter benutzen.

a. Wo kannst du die Lösungen des Gleichungssystems nun ablesen?

b. Warum ist diese Methode für das zweite Gleichungssystem ungeeignet?

c. Gib ein Gleichungssystem mit zwei Funktionsgleichungen an, die keine gemeinsame Lösung besitzen. Gib ein weiteres Gleichungssystem an, welches unendlich viele
Lösungen besitzt. Wie gehst du vor?

Gleichungssysteme lösen

4 Hier ist bei der zweiten Gleichung bereits nach einer Variablen aufgelöst.

I $y + 3x = 7$ II $x = 4y - 11$

a. Musst du die zweite Gleichung auch nach dieser Variablen auflösen? Gibt es noch
einen anderen Weg aus beiden Gleichungen eine zu machen?

b. Beschreibe genau, auf was man achten muss. Wo könnten Fehler passieren?

5

a. I $x + 2y = 2$
II $9x + 14y = 64$

b. I $3x + 4y = 21$
II $2x + 2y = 13$

c. I $y = \frac{1}{2}x - 3$
II $y = -\frac{1}{2}x + 3$

d. I $\frac{1}{3}x + 3y = 29$
II $3x - \frac{1}{5}y = -11$

e. I $3(14 - 5x) - 2y = y + 3$
II $2(9 - 2x) - y = y + 4$

f. I $2x + 1 = 3y$
II $4x - 5y = 0$

g. Schreibe zu einem der Gleichungssysteme einen Bericht, wie du bei der Lösung
Schritt für Schritt vorgegangen bist.

h. Welches der Gleichungssysteme könntest du auch schnell zeichnerisch lösen?
Überprüfe die Lösung auf diese Art.

Mit Gleichungen rechnen

6 Schreibe beide Gleichungen untereinander und addiere sie. Nun erhältst du eine
dritte Gleichung.

I $2x - y = 4$ II $3x + y = 1$

a. Warum enthält diese Gleichung nur noch eine Variable? Löse die Gleichung.

b. Berechne nun die zweite Variable. Sind es Lösungen für das Gleichungssystem?
Überprüfe!

c. Beurteile dieses Verfahren. Wann kann es vorteilhaft angewendet werden? Gib ein
Gleichungssystem aus Aufgabe 5 an, bei dem man es auch anwenden könnte.

d. Wie könntest du dieses Verfahren auch für Aufgabe 5b. nutzen?

Kannst du gut kombinieren? Und dein Vorgehen plausibel machen? Ihr könnt diskutieren, welche Lösung ihr für die beste haltet.

1 Bestimmt jeweils die gesuchten Größen. Trefft dazu geeignete Annahmen. Präsentiert den Mitschülerinnen und Mitschülern eure Lösung. Verwendet dabei die passenden Fachbegriffe.

a. Der Leuchtturm soll einen neuen Anstrich bekommen. Für wie viel Quadratmeter muss Farbe gekauft werden?

Leuchttürme sind ganz schön groß, damit man sie auch von Weitem sehen kann. Trotz der Erdkrümmung soll das Leuchtfeuer bei Nacht auch von größerer Entfernung sichtbar sein.

L   *Plausible Annahmen bezüglich Größen treffen; Oberfläche, Mantel und Volumen von Quadern, Zylindern und Prismen berechnen.*

b. Wie viel Limonade passt wohl in diese Dose?

c. Dieser Swimmingpool ist beheizt. Die dazu benötigte Energie hängt natürlich von der Wassermenge und der Außentemperatur ab. Der Pool ist außer an den Eingangsbereichen überall gleich tief. Wie viel Wasser ist im Pool?

1,80 m

d. Dieses Haus hat eine gleichseitige dreieckige Grundfläche. Bei Häusern wird immer die Größe der Nutzfläche und der umbaute Raum angegeben.

Bei dem Spiel „Schweinerei" wird mit zwei Schweinchen gewürfelt. Es gibt unterschiedlich viele Punkte, je nachdem, wie die Schweinchen liegen. Gerecht ist diese Bepunktung sicher, da sie für alle gilt. Ist sie aber auch angemessen? Bekommen vielleicht einige Positionen ungerechtfertigt viele Punkte?

Auszug aus den Regeln für „Schweinerei"

Faule Sau: Die Schweine liegen auf verschiedenen Seiten. **0 Punkte**

Sau: Beide Schweine liegen auf der gleichen Seite. **1 Punkt**

Haxe: Ein Schwein steht auf den Füßen, das andere liegt. **5 Punkte**

Doppelhaxe: Beide Schweine stehen auf den Füßen. **20 Punkte**

Halbe Suhle: Ein Schwein liegt auf dem Rücken, das andere auf der Seite. **5 Punkte**

Volle Suhle: Beide Schweine liegen auf dem Rücken. **20 Punkte**

Schnauze: Ein Schwein stützt sich auf die Schnauze, das andere liegt auf der Seite. **10 Punkte**

Volle Schnauze: Beide Schweine stützen sich auf die Schnauze. **40 Punkte**

Backe: Ein Schwein stützt sich mit dem Ohr ab, das andere liegt auf der Seite. **15 Punkte**

Doppelbacke: Beide Schweine stützen sich auf einem Ohr ab. **60 Punkte**

Gulasch: Bei Kombinationen werden die Einzelpunkte addiert.

---

1 Klärt die Spielregeln und spielt eine Runde „Schweinerei".

2
a. Probiere aus, welche Positionen für ein einzelnes Schwein möglich sind.
b. Schätze, wie oft welche Position bei hundert Würfen mit einem einzelnen Schwein vorkommen wird und notiere deine Schätzung.
c. Vergleicht und diskutiert eure Schätzungen.

---

3 Wie könnt ihr eure Ergebnisse überprüfen? Entwickelt einen Plan und führt ihn aus.

4
a. Tragt in einer Datei der Tabellenkalkulation alle Versuchsreihen einzeln ein und lasst die Tabellenkalkulation immer die relativen Häufigkeiten bis zu dieser Reihe berechnen. Lasst die Tabellenkalkulation auch einen Graphen zeichnen, der diese relativen Häufigkeiten anzeigt.

Online-Link ↗
700181-3101
Dateivorlage
Schweinereitabelle

b. Formuliert eure Beobachtungen.
c. Schätzt, welche Werte die relativen Häufigkeiten annehmen würden, wenn man die Anzahl der Würfe stark erhöhen würde.

---

5 Stell dir vor, es würden 1000 Würfe mit jeweils einem Schwein durchgeführt.
a. Wie oft würdest du die Wurfposition Schnauze etwa erwarten, wie oft die anderen Positionen?
b. Wenn du eine Tabellenkalkulation zur Verfügung hast, kannst du die 1000 Würfe mithilfe des Befehls „Zufallszahl()" simulieren. Ihr müsst dabei die Zufallszahl so einstellen, dass sie eurer geschätzten Wahrscheinlichkeit entspricht.

L *Empirisches Gesetz der großen Zahlen wiederholen, Baumdiagramm erstellen, Pfadregel benutzen, Erwartungswert.*

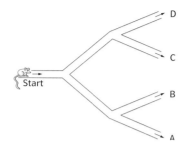

6 Nimm an, Wissenschaftler hätten Mäuse gezüchtet, die bei einer Abzweigung in einem Drittel der Fälle nach links abbiegen und in zwei Drittel der Fälle nach rechts. 18 000 dieser Mäuse werden nun in das links stehende Labyrinth geschickt.

a. Wie viele Mäuse würden bei welchem Endpunkt vermutlich etwa herauskommen?

b. Wie groß wäre die relative Häufigkeit, mit der die Mäuse aus den verschiedenen Löchern jeweils herauskommen?

c. Wie groß wären die Wahrscheinlichkeiten, mit denen eine einzelne Maus aus den jeweiligen Löchern wieder herauskommen würde?

7 Du wirfst einen normalen Spielwürfel zweimal nacheinander.

a. Bestimme die Wahrscheinlichkeiten für folgende Ereignisse

   A Es wird zweimal eine 6 gewürfelt.

   B Es wird genau einmal eine 6 gewürfelt.

   C Es wird keine 6 gewürfelt.

   Das Baumdiagramm kann dir bei deiner Schätzung helfen.

b. Diskutiert und begründet eure Ergebnisse.

c. Formuliere eine Regel.

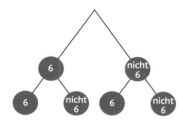

d. Links ist eine sogenannte Vier-Felder-Tafel dargestellt. Erkläre die Tabelle. Was hat diese Darstellung mit Teilaufgabe a. und mit den Malkreuzen zu tun?

e. Wie oft würdest du bei 1000 Würfen eine Doppelsechs, genau eine 6, keine 6 erwarten? Wenn du eine Tabellenkalkulation zur Verfügung hast, überprüfe deine Rechnung, indem du das Experiment simulierst.

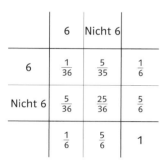

	6	Nicht 6	
6	$\frac{1}{36}$	$\frac{5}{35}$	$\frac{1}{6}$
Nicht 6	$\frac{5}{36}$	$\frac{25}{36}$	$\frac{5}{6}$
	$\frac{1}{6}$	$\frac{5}{6}$	1

Vier-Felder-Tafel

8 Du wirfst wieder Schweinchen.

a. Zeichne ein entsprechendes Baumdiagramm, mit dem man die Frage untersuchen kann, wie wahrscheinlich die Fälle Schnauze und volle Schnauze sind.

b. Untersuche auf diese Weise auch die anderen Fälle.

c. Wie müsste ein Baumdiagramm aussehen, das alle möglichen Fälle darstellt? Zeichne es auf ein DIN-A3-Blatt.

d. Vergleiche deine Ergebnisse aus Teilaufgaben a. und b. mit dem Baumdiagramm aus Teilaufgabe c. Was fällt dir auf? Formuliere eine Regel.

9

a. Wie oft würdest du die einzelnen Schweinerei-Ergebnisse bei 1000 Würfen mit zwei Schweinen erwarten? Mit einer Tabellenkalkulation kannst du deine Erwartung erhärten, indem du das Experiment simulierst.

b. Betrachte die im Spiel vorgegebenen Punktzahlen. Sind sie angemessen? Schreibe dir zunächst deine Bewertung und Argumente auf und diskutiere sie dann mit deinen Mitschülerinnen und Mitschülern.

c. Wie viele Punkte wird man im Durchschnitt bei 1000 Würfen erwarten?

d. Wie viele Punkte wird man durchschnittlich pro Wurf erwarten?

10 Entwickle ein ähnliches Spiel mit unregelmäßigen Körpern (Legosteinen, Muscheln, Tannenzapfen, Turnschuhen o.Ä.), bei dem die Punktverteilung angemessen ist.

11 Entwickle ein „faires" Wett-Spiel, d.h. ein Spiel, bei dem ein Spieler auf lange Sicht weder Verlust macht noch Gewinne. In welchem Zusammenhang stehen Einsatz und zu erwartende Auszahlung?

Zwei Bedeutungen des lateinischen Wortes „ratio" sind Verhältnis und Vernunft. Sind irrationale Zahlen unverhältnismäßige oder gar unvernünftige Zahlen?

Wenn eine Zahl zu einer Zahlen-menge gehört, so schreibt man das mit dem Elementzeichen ∈.
Zum Beispiel:
$5 \in \mathbb{N}$
Dagegen bedeutet
$-7 \notin \mathbb{N}$, dass -7 kein Element der natürlichen Zahlen ist.

$\mathbb{N}$ ist die Menge der natürlichen Zahlen,
$\mathbb{Z}$ die Menge der ganzen Zahlen,
  die $\mathbb{N}$ vollständig umschließt.
$\mathbb{Q}$ ist die Menge aller Brüche,
  die wiederum $\mathbb{Z}$ vollständig enthält.
$\mathbb{Q}$ nennt man auch die Menge
  der rationalen Zahlen.

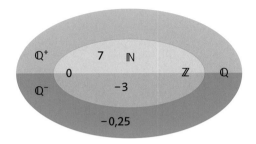

1 Es soll geprüft werden, ob zwischen zwei verschiedenen Brüchen stets ein weiterer Bruch passt.

a. Suche Brüche, die zwischen den angegebenen rationalen Zahlen liegen.
$\frac{3}{4}$ und $\frac{7}{8}$; $\frac{1}{2}$ und $\frac{8}{15}$; $\frac{1}{21}$ und $\frac{1}{22}$; $\frac{117}{467}$ und $\frac{321}{1283}$; $-\frac{3}{7}$ und $-\frac{4}{9}$; $-\frac{45}{22}$ und $-\frac{44}{21}$

b. Gib einen Bruch an, der zwischen $\frac{a}{b}$ und $\frac{c}{d}$ liegt.

c. Nenne einen Bruch, der zwischen den rationalen Zahlen q_1 und q_2 liegt.

d. Heidi behauptet, dass $\frac{2q_1q_2}{q_1q_2}$ stets zwischen den rationalen Zahlen q_1 und q_2 liegt. Überprüfe.

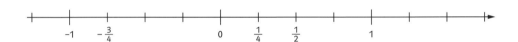

Alle Zahlen, die sich als Bruch schreiben lassen, heißen **rationale Zahlen**.

2 Wenn in einer Zahlenmenge zwischen zwei verschiedenen Zahlen dieser Menge stets eine weitere Zahl dieser Menge liegt, dann nennt man die Zahlenmenge dicht.

a. Begründe, warum die Menge aller Brüche dicht ist.

b. Obwohl die rationalen Zahlen auf dem Zahlenstrahl dicht liegen, gibt es noch „Löcher" für andere Zahlen. Diskutiere mit deiner Nachbarin oder deinem Nachbarn darüber.

3

a. Begründet, warum man jeden Bruch als endliche oder als periodische Dezimalzahl darstellen kann.

b. André konstruiert eine irrationale Zahl:
$0{,}101\,001\,000\,100\,001\,000\,001\ldots$
Setzt diese Zahl fort und begründet, warum es sich nicht um eine rationale Zahl handelt. Wo etwa findet man sie auf dem Zahlenstrahl wieder?

c. Konstruiert weitere irrationale Zahlen.

d. Die Menge, die aus allen rationalen und irrationalen Zahlen besteht, nennt man die Menge der reellen Zahlen. Zeichnet ein Bild wie oben, welches diesen Zusammenhang illustriert.

Nicht abbrechende, nicht periodische Dezimalzahlen nennt man **irrationale Zahlen**.
π ist eine irrationale Zahl.

Herr Dülker

Herr Fuchs

4 Ein Gespräch zwischen Mathematiklehrer Dülker und Philosophielehrer Fuchs.

Schon die alten Griechen haben herausgefunden, dass es irrationale Zahlen gibt.

Wie konnten die das denn merken?

Zum Beispiel ist die Länge der Diagonalen im Einheitsquadrat irrational.

Die Länge ist doch $\sqrt{2}$.

Richtig, und die Griechen haben sogar bewiesen, dass diese Zahl irrational ist.

Das stelle ich mir aber gar nicht einfach vor!

Dazu haben sie ein Verfahren benutzt, welches man heutzutage als indirekten Beweis bezeichnet.

Und wie soll das gehen?

Man nimmt einfach das Gegenteil von dem an, was man beweisen will und zeigt, dass das nicht gehen kann, dass es also zu einem Widerspruch führt. Daraus schließt man, dass die Annahme falsch gewesen sein muss.

Das verstehe ich noch nicht!

Stell dir vor, du willst beweisen, dass es unendlich viele natürliche Zahlen gibt. Du beweist es indirekt, indem du zunächst annimmst, dass es nur endlich viele natürliche Zahlen gibt. Dann gibt es natürlich auch eine größte natürliche Zahl m. Aber du kannst sofort eine noch größere natürlich Zahl angeben.

Ja, zum Beispiel m + 3.

Richtig, und damit hast du einen Widerspruch zur Annahme, dass es nur endlich viele Zahlen gibt, hergeleitet.

Somit gibt es also unendlich viele natürliche Zahlen. Das habe ich verstanden. Aber wie kann man beweisen, dass die Wurzel aus 2 irrational ist? Zunächst nimmt man sicherlich an, dass sie rational sei.

Ja, also, dass sie als Bruch dargestellt werden kann.

Klar, Zähler durch Nenner.

Zum Beispiel a durch b. Dann ist 2 aber auch a^2 durch b^2.

Dazu musst du ja nur beide Seiten der Gleichung quadrieren. Dann ist auch $2\,b^2$ gleich a^2. Das ist aber noch kein Widerspruch.

Genau. Aber jede natürliche Zahl kann man in eindeutiger Weise als Produkt von lauter Primzahlen darstellen. Diese Behauptung hat einst der Mathematiker Gauß bewiesen. 140 zum Beispiel ist $2 \cdot 2 \cdot 5 \cdot 7$.

Dann ist $140^2 = 2 \cdot 2 \cdot 2 \cdot 2 \cdot 5 \cdot 5 \cdot 7 \cdot 7$. Also kommt jede Primzahl zweimal oder viermal usw. oft vor.

So ist das auch bei unserem a^2, jeder Primzahlfaktor kommt in einer geraden Anzahl vor.

Bei b^2 ist es doch genauso!

Ja, und das beweist, dass $\sqrt{2}$ doch kein Bruch und somit irrational ist.

Denn gleiche Zahlen haben ja die gleiche Produktdarstellung durch Primfaktoren, was ja dieser exzellente Mathematiker bewiesen hat. Und damit haben wir nun einen Widerspruch konstruiert.

Ja, aber bei $2\,b^2$ nicht. Es gibt die 2, die keinen Partner hat. Und das kann nicht sein, weil die Zahlen ja gleich sein sollen.

Und das haben schon die Griechen bewiesen? Die waren wirklich ganz schön clever.

Auch was scheinbar stillsteht, bewegt sich. Es kommt auf den Standpunkt an. Sogar ein liegender Stein dreht sich in 24 Stunden einmal um die Erdachse.

Foucault zeigte 1851 mit einem Pendel im Pantheon von Paris, dass sich die Erde um ihre eigene Achse dreht. Informiere dich über dieses Experiment.

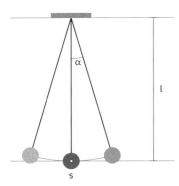

Für die genauere Berechnung gilt:

$$T = 2\pi \cdot \sqrt{\tfrac{l}{g}},$$

wobei g die Fallbeschleunigung ist $\left(\text{ca. } 9{,}81 \tfrac{m}{s^2}\right)$.

Das Fadenpendel

1   Die Schwingdauer T ist abhängig von der Länge l des Fadenpendels.

     l   Länge des Fadenpendels

     S   Schwerpunkt des Pendelkörpers

     T   Schwingdauer (eine ganze Hin- und Herbewegung)

     α   Auslenkwinkel

a.   Stellt Fadenpendel mit den Fadenlängen l = 0,50 m, 1,00 m, 1,50 m, 2 m her.

b.   Messt jeweils die Zeit für zehn ganze Hin- und Herbewegungen.

c.   Bestimmt daraus die Schwingdauer T der Fadenpendel.

2   Der Graph beschreibt die Schwingdauer T eines Fadenpendels mit verschiedenen Längen l.

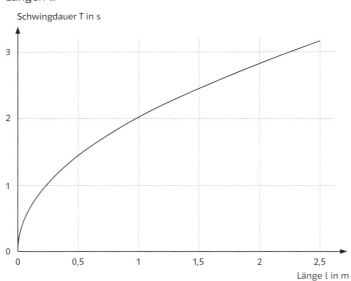

a.   Vergleicht mit den gemessenen Zeiten aus Aufgabe 1.

b.   Welche Länge l gehört zur Schwingdauer T = 0,50 s, 1,00 s, 1,50 s, ... ?

c.   Die Schwingdauer berechnet man nach der Faustformel $T = 2 \cdot \sqrt{l}$.

     Stimmt das mit euren Messergebnissen aus Aufgabe 1c. überein?

d.   Stellt ein möglichst langes Pendel her.

     Berechnet und überprüft die Schwingdauer T des Pendels.

e.   Wie lange müsste ein Pendel mit der Schwingdauer T = 60 s sein?

L   *Strecken, Zeiten und Geschwindigkeiten messen, berechnen und grafisch darstellen.*
Graphen interpretieren.

Bremsen

Ist dir schon einmal unerwartet eine Katze vor das Fahrrad gesprungen?

Man erschrickt und es dauert eine gewisse Zeit, bis man die Bremse zieht. Man spricht von der „Schrecksekunde". Der Anhalteweg ist auch abhängig von der Fahrgeschwindigkeit. Der Graph unten zeigt diese Abhängigkeit.

Auch wenn ein fahrendes Auto plötzlich bremsen muss, gibt es zwei Phasen:

Reaktionsweg: Strecke, die in der Zeit zwischen Erblicken eines Hindernisses und Einleitung des Bremsvorgangs zurückgelegt wird. In dieser „Schreck-Sekunde" ändert sich die Geschwindigkeit nicht!

Eigentlicher Bremsweg: Strecke, die in der Zeit zwischen Einleitung des Bremsvorgangs und Stillstand zurückgelegt wird.

Anhalteweg = Reaktionsweg + eigentlicher Bremsweg

3

a. Erstelle eine Tabelle zu diesem Graphen.

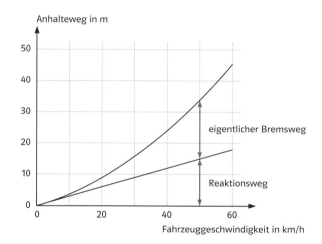

Geschwindigkeit (km/h)	0	10	20	30	...
Reaktionsweg (m)	0				
Bremsweg (m)	0				
Anhalteweg (m)	0				

b. Markiert diese Strecken auf dem Schulhof.

4

a. Ein Hund läuft etwa 15 m vor einem Fahrzeug unvermittelt auf die Fahrbahn. Wie wird das – bei aufmerksamer Fahrweise und trockener Straße – bei Fahrtempo 30 km/h, 50 km/h ausgehen? Vergleicht.

b. Oft wird diskutiert, ob innerorts anstelle der Maximalgeschwindigkeit 50 km/h „Tempo 30" eingeführt werden soll. Oft werden solche Diskussionen sehr emotional geführt. Was meint ihr dazu? Stellt Argumente zusammen, die mathematisch begründet sind und führt eine eigene Podiumsdiskussion durch.

Bildfahrpläne bekommen wir normalerweise nicht zu sehen. Für die Deutsche Bahn sind sie jedoch unverzichtbar.

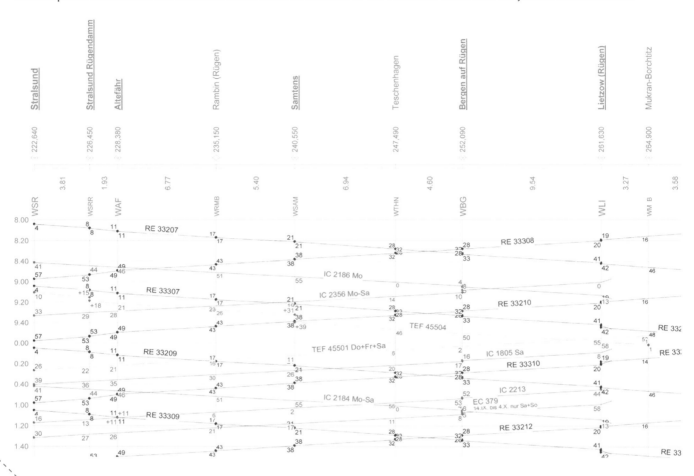

Online-Link ⬈
700181-3401
Bildfahrplan

1 Hier siehst du den Ausschnitt aus einem Bildfahrplan einer Bahnstrecke, der Rügenbahn. Die einzelnen Zugverläufe sind Graphen stückweiser linearer Funktionen zugeordnet.

a. Erkläre, wofür die Zeichen, Zahlen und Abkürzungen auf dem Fahrplan stehen könnten. Recherchiere auch im Internet zur Rügenbahn.

b. Welche Vorteile könnte ein solcher Fahrplan haben? Wer könnte ihn gebrauchen?

c. Markiere (Kopiervorlage) die genauen Standorte der Bahnhöfe auf der horizontalen Achse. Woran kannst du erkennen, wo genau sich ein Bahnhof befinden muss?

d. Die Graphen welcher Züge sind blau, rosa oder rot?

e. Was bedeutet die Steigung bei den Graphen einzelner Funktionsabschnitte?

f. Was bedeuten die Schnittpunkte der Graphen einzelner Funktionsabschnitte? Was kannst du aus dem Fahrplan über die betroffene Strecke schließen?

2 Gib die Fahrzeiten und die Streckenlängen einzelner Züge an.

3 Berechne die Steigungen der Abschnitte im Bildfahrplan.

a. Von RE 33207 zwischen Altefähr und Rambin.

b. Von IC 1805 zwischen Lietzow und Bergen.

c. Vergleiche beide Steigungen und interpretiere sie.

d. Woran kann man sehen, dass es sich bei diesem Fahrplan um ein Modell handelt, das die Realität nicht exakt wiedergibt?

L *Mit linearen Funktionen modellieren.*

4 Stückweise lineare Funktionen kann man mithilfe einer Klammer als Gleichung beschreiben.

Bsp.: $y = \begin{cases} -2x + 1 & \text{für} \quad x < 3 \\ -x + 1{,}5 & \text{für} \quad x > 3 \end{cases}$

Beschreibe die Funktion zu einem Zug deiner Wahl auf einem Streckenabschnitt auf diese Weise. Auf welche Probleme stößt du?

680	Saarbrücken - Sulzbach - Türkismühle - Bad Kreuznach - Mainz															→ 680
km	Zug	RB 13159 🚲	RB 23201 🚲	RB 23203 🚲	RB 23347 🚲	RE 23091 🚲	RE 3301	RE 4361 🚲	RE 23091 🚲	RB 23301 🚲	RB 13101 🚲	RE 3303	RE 12103 🚲	RE 23093 🚲	RE 12105 🚲	RB 13103 🚲	RB 13105 🚲
0	Saarbrücken		1:11	3:22			3:48						4:46				
74	**Idar-Oberstein**						4:48				5:38		5:48				
	Idar-Oberstein					4:39	4:49				5:39		5:49				
81	Fischbach-Weierbach					4:45					5:45						
85	Kirnsulzbach					4:49					5:49						
88	Kirn					4:54	4:59				5:54		5:59				
	Kirn				4:37	5:05 →	5:00		5:05				6:00				
92	Hochstetten (Nahe)				4:41				5:10								
94	Martinstein				4:44				5:13								
98	Monzingen				4:48				5:18								
103	Bad Sobernheim				4:52		5:09		5:23				6:10				
106	Staudernheim				4:56				5:27				6:13				
108	Norheim				5:05				5:36								
121	**Bad Münster am Stein**				5:09		5:22		5:40				6:25				

680	Mainz - Bad Kreuznach - Türkismühle - Sulzbach - Saarbrücken															← 680
	Zug	RB 23344 🚲	RB 13110 🚲	RB 23280 🚲	RB 23202 🚲	RB 23204 🚲	RB 23204 🚲	RB 23282 🚲	RB 23206 🚲	RE 23090 🚲	RB 23300 🚲	RB 13100 🚲	RB 23208 🚲	RE 23092 🚲	RB 23210 🚲	RB 13102 🚲	RE 3330
	Mainz	0:16	2:46														5:10
	Bad Münster am Stein										5:06	5:15				5:42	5:46
	Bad Münster am Stein											5:16				5:48	
	Kaiserslautern Hbf											6:14				6:47	
	Bad Münster am Stein										5:06						5:47
	Norheim										5:10						5:51
	Staudernheim										5:19						6:00
	Bad Sobernheim										5:23						6:03
	Monzingen										5:28						6:07
	Martinstein										5:32						6:11
	Hochstetten (Nahe)										5:35						6:14
	Kirn										5:39						6:18
	Kirn										5:40						6:19
	Kirnsulzbach										5:45						6:23
	Fischbach-Weierbach										5:49						6:27
	Idar-Oberstein										5:56						6:34

5 Hier siehst du einen Auszug aus dem Kursbuch der Deutschen Bahn für die Strecke (680) Mainz – Saarbrücken.

a. Erstelle einen Bildfahrplan für den Zeitraum von 5 Uhr bis 7 Uhr aus den vorliegenden Daten.

b. Gib für zwei Züge, die sich begegnen, die Funktionsvorschriften an.

c. Berechne den (ungefähren) Treffpunkt der Züge.

6 Erstelle einen Bildfahrplan für eine Straßenbahnlinie. Wie unterscheidet sich ein solcher Bildfahrplan wahrscheinlich von einem Bildfahrplan einer Zugstrecke? Worauf muss man bei der Erstellung achten?

 7 Wie kannst du eine Tabellenkalkulation oder einen Funktionenplotter nutzen, um einen Bildfahrplan zu erstellen? Was erschwert die Darstellung?

Inhalt

Diese Begriffe solltest du nach der Bearbeitung der Lernumgebung verstehen und verwenden können. Nicht immer ist die formale Definition die wichtigste. (Fakultative Inhalte sind mit dem Zeichen ◦┼◦ versehen, sollten aber auch nicht generell weggelassen werden. Das gilt insbesondere für Lernumgebungen mit überwiegend wiederholendem Charakter, die mit ◦┼◦ gekennzeichnet sind. Lernumgebungen, die Angebote bereitstellen, die die prozessbezogenen Kompetenzen Werkzeuge nutzen, Modellieren und Problemlösen fördern, sind mit ◦┼◦ gekennzeichnet. Weitere Hinweise dazu finden Sie im Begleitband für Lehrpersonen.)

·-· fakultativ laut Kernlehrplan

·-· Lernumgebung mit überwiegend
wiederholendem Charakter

·-· Lernumgebungen, die im Wesentlichen
prozessbezogene Kompetenzen fördern

Lexikon der mathematischen Begriffe

Folgende mathematische Fachbegriffe spielen in den genannten **Lernumgebungen** eine wichtige Rolle.

A

Abbildung 20

Eine geometrische Abbildung beschreibt, wie die Punkte einer Originalfigur den Punkten der Bildfigur zugeodnet werden.

absolute Häufigkeit 31

Die Anzahl der Versuche, bei denen man ein bestimmtes Ergebnis erhält, nennt man absolute Häufigkeit dieses Ergebnisses.

Abstand 11; 15

Der Abstand eines Punktes P zu einer Geraden g ist die Länge des Lotes von P zur Geraden g.

Abwicklung 2

(vgl. Netz)

Achse 12.2; 20

(vgl. Koordinatensystem)

achsensymmetrisch; Achsenspiegelung 20

Eine achsensymmetrische Figur kommt mit sich zur Deckung, wenn sie an einer Spiegelachse (Symmetrieachse) bzw. mit einem Spiegel entsprechend gespiegelt wird.

addieren, Addition 26

Addieren bedeutet zusammenzählen.
Das Zusammenzählen heißt Addition.

Additionsverfahren 29.2

Ein lineares Gleichungssystem mit zwei Gleichungen und zwei Variablen kann gelöst werden, indem man (evtl. nach Multiplikation einer Gleichung mit einem Faktor) die beiden Gleichungen addiert, sodass die sich ergebende Gleichung nur noch eine Variable enthält.
z. B. I $2x + 3y = 7$ II $x - 3y = 8 \rightarrow$ I + II $3x = 15 \rightarrow x = 5$
$\rightarrow y = -1$

ägyptische Methode 16; 18

Die Ägypter stellten fest, dass das Volumen des Zylinders mit Durchmesser d und das Volumen des quadratischen Quaders mit Seitenlänge $\frac{8}{9}$ d und gleicher Körperhöhe etwa gleich sind.

ähnlich 12.2

Wenn bei einer geometrischen Abbildung die Originalfigur und die Bildfigur dieselbe Form haben, bleiben alle Winkel und Seitenverhältnisse der Figur gleich groß. In der Geometrie nennt man diese Figuren dann ähnlich.

Algebra, algebraisch 3; 17; 26

Mit dem Begriff Algebra bezeichnet man allgemein das Rechnen mit Variablen (im Gegensatz zum Rechnen mit Zahlen). Viele allgemeine Gesetzmäßigkeiten lassen sich in Worten oder algebraisch, d. h. für beliebige Zahlen, beschreiben.

Algorithmus 9; 29.2

Ein Algorithmus (auch Lösungsverfahren) ist eine genau definierte Handlungsvorschrift zur Lösung eines Problems (oder einer bestimmten Art von Problemen) in endlich vielen Schritten. Ein Beispiel für einen Algorithmus zur Berechnung von Näherungswerten einer Quadratwurzel ist das Heron-Verfahren.

Annahmen treffen 1; 7

Nicht immer weiß man alles ganz genau, was man für eine Rechnung braucht. Man kann aber sinnvolle Annahmen treffen (Vermutungen anstellen) und damit vernünftige Ergebnisse errechnen. Wichtig ist, dass man sauber aufschreibt, was man angenommen hat.

Anteil 12.1

Brüche können auch als Anteile an einem Ganzen aufgefasst werden, das aus mehreren Ganzen besteht, z. B. 6 von 24 sind $\frac{1}{4}$.

antiproportional; Antiproportionalität

Ist das Produkt zweier zugeordneten Größen x und y immer gleich, so spricht man von einer antiproportionalen (oder umgekehrt proportionalen) Zuordnung oder einer Antiproportionalität.

äquivalente Gleichungen 3

Gleichungen, welche die gleichen Lösungen haben, heißen äquivalent (gleichwertig).

Äquivalenzumformung 3; 29.2

Eine Umformung, die eine Gleichung in eine äquivalente Gleichung überführt, heißt Äquivalenzumformung.
Zulässige Äquivalenzumformungen sind:
1. auf beiden Seiten der Gleichung denselben Term addieren oder subtrahieren.
2. auf beiden Seiten der Gleichung mit derselben Zahl (außer Null) multiplizieren oder dividieren.

Ar 7

Flächenmaß $1\,a = 100\,m^2 = 10\,m \cdot 10\,m$

arithmetisches Mittel

(vgl. auch Mittelwerte) Man berechnet das arithmetische Mittel von Werten, indem man alle Werte addiert und dann die Summe durch die Anzahl der Werte teilt.

Assoziativgesetz

Beim Addieren ist es manchmal geschickt, Klammern zu versetzen, die Summe bleibt dabei gleich. Diese Eigenschaft nennt man Assoziativgesetz. Algebraisch ausgedrückt: $a + (b + c) = (a + b) + c$

Analog gilt für die Multiplikation $a \cdot (b \cdot c) = (a \cdot b) \cdot c$

Ausklammern 26

Beim Ausklammern nutzt man das Distributivgesetz: $6\,xy + 9\,y^2 = 3\,y\,(2\,x + 3\,y)$. Ausklammern ist eine Form des Faktorisierens.

B

Basis

(vgl. Potenz)

Baumdiagramm 19; 31

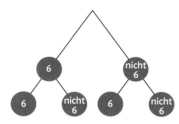

Behauptung 21; 32

(vgl. Beweis)

Betrag

Den Abstand einer Zahl zur Null am Zahlenstrahl nennt man Betrag der Zahl. Man schreibt $|-3| = 3$.

Beweis 21; 32

Ein Beweis ist eine schlüssige, lückenlose Argumentationskette, die aufgestellt wird, um die Gültigkeit einer Aussage (Behauptung) unmissverständlich und unwiderruflich zu belegen.

Beweis, indirekter 32

Man beweist eine Behauptung indirekt, indem man ausgehend von der Voraussetzung und der negierten Behauptung durch logisches Schließen einen Widerspruch herleitet.

Billiarde

10^{15}

Billion

10^{12}

Binom 17

Terme, die aus zwei Summanden bestehen, wie z. B. $(a + b)$ oder $(x - 2\,y^2)$, heißen Binome. Binom bedeutet wörtlich „zwei Namen".

Binomische Formeln 17

Die binomischen Formeln beschreiben wichtige Sonderfälle beim Multiplizieren von Binomen. Man unterscheidet drei binomische Formeln:

$(a + b)^2 = a^2 + 2\,ab + b^2$
$(a - b)^2 = a^2 - 2\,ab + b^2$
$(a + b) \cdot (a - b) = a^2 - b^2$

Boxplot

Boxplots sind Kennwertdiagramme, in denen die Kennwerte Minimum, Maximum, unteres und oberes Quartil sowie Zentralwert eingetragen werden.

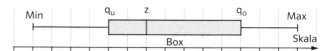

Bruch

3   Zähler
—   Bruchstrich
5   Nenner

Bruch, Wert eines Bruchs

(vgl. Bruchzahl)

Brüche addieren

Summen von zwei Brüchen können am Rechteckmodell dargestellt und bestimmt werden.

Man addiert zwei Brüche, indem man sie auf den gleichen Nenner bringt, die Zähler addiert und den gemeinsamen Nenner beibehält.
Algebraisch: $\dfrac{x}{a} + \dfrac{y}{b} = \dfrac{xb + ya}{ab}$

Brüche dividieren

Man dividiert zwei Brüche, indem man den ersten Bruch mit dem Kehrwert des zweiten Bruchs multipliziert. Algebraisch: $\dfrac{x}{a} : \dfrac{y}{b} = \dfrac{x}{a} \cdot \dfrac{b}{y}$

Brüche erweitern

Man erweitert einen Bruch, indem man Zähler und Nenner mit der gleichen Zahl multipliziert. Beim Erweitern bleibt der Wert des Bruches unverändert.

Brüche, gleichnamige

Zwei Brüche sind gleichnamig, wenn sie den gleichen Nenner haben.

Brüche kürzen

Man kürzt einen Bruch, indem man Zähler und Nenner durch die gleiche Zahl dividiert. Beim Kürzen bleibt der Wert des Bruches unverändert.

Brüche multiplizieren

Man multipliziert zwei Brüche, indem man das Produkt der Zähler durch das Produkt der Nenner dividiert.
Algebraisch: $\dfrac{x}{a} \cdot \dfrac{y}{b} = \dfrac{x \cdot y}{a \cdot b}$

Brüche subtrahieren

Man subtrahiert zwei Brüche, indem man sie auf den gleichen Nenner bringt, die Zähler subtrahiert und den gemeinsamen Nenner beibehält.
Algebraisch: $\dfrac{x}{a} - \dfrac{y}{b} = \dfrac{b \cdot x - a \cdot y}{a \cdot b}$

Bruchzahl

Bruchzahlen können am Zahlenstrahl eingetragen werden. Alle Brüche, die denselben Wert haben, stehen an derselben Stelle des Zahlenstrahls.

C

Cavalieri, Prinzip von 22

„Zwei Körper, die auf gleicher Höhe geschnitten immer die gleiche Fläche haben, besitzen das gleiche Volumen." Dieses Prinzip gilt für gerade und schiefe Körper.

D

Deckfläche 22

(vgl. Prisma und Grundfläche)

deckungsgleich

(vgl. kongruent)

deka

(s. Tabelle unter Stufenzahlen)

dezi

(s. Tabelle unter Stufenzahlen)

Dezimalbruch 9; 18

Dezimalbrüche sind andere Darstellungen für Brüche, also gebrochene Zahlen.

Jeder Bruch lässt sich als abbrechender oder periodischer Dezimalbruch darstellen. Umgekehrt lässt sich jeder abbrechende und jeder periodische Dezimalbruch auch als Bruch darstellen.

Dezimalbruch, abbrechender 9; 18

Dezimalbruch, periodischer 18

Diagonale, diagonal 2

Die Verbindungsstrecke nicht nebeneinander liegender Punkte in einem Vieleck heißt Diagonale.

Dichte 13

dichte Menge 32

Wenn in einer Zahlenmenge zwischen zwei Zahlen dieser Menge stets eine weitere Zahl dieser Menge liegt, dann sagt man, die Menge sei dicht. Ein Beispiel ist die Menge der rationalen Zahlen.

Differenz 4; 17

Das Ergebnis einer Subtraktion nennt man Differenz.

Distributivgesetz

Es ist egal, ob man eine Zahl mit einer Summe multipliziert oder die Summanden mit der Zahl multipliziert und dann addiert. Algebraisch ausgedrückt lautet das Distributivgesetz: $a \cdot (b + c) = a \cdot b + a \cdot c$

dividieren, Division

Dividieren bedeutet teilen. Das Teilen heißt Division.

Dreieck, Flächeninhalt 12.1

Der Flächeninhalt eines Dreiecks ist halb so groß wie das Produkt der Länge einer Seite und der auf dieser Seite errichteten Höhe des Dreiecks.

Dreieck, gleichseitiges 2; 15

(vgl. regelmäßige Vielecke)

Dreieck, eindeutig konstruierbar 12.1; 12.2

Ein Dreieck ist eindeutig konstruierbar, wenn folgende drei Stücke gegeben sind:
- drei Seitenlängen (sss)
- zwei Seitenlängen und das Maß des eingeschlossenen Winkels (sws)
- eine Seitenlänge und die Größe der beiden anliegenden Winkel (wsw)

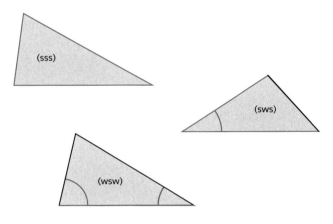

Dreieck, rechtwinkliges 11; 15; 21

(vgl. rechtwinklig)

Dreieck, spitzwinkliges 15

Dreieck, stumpfwinkliges 15

Durchmesser 14

(vgl. Kreis)

Durchschnitt 4; 7

(vgl. Mittelwert)

E

Einsetzungsverfahren 29.2

Ein lineares Gleichungssystem mit zwei Gleichungen und zwei Variablen kann gelöst werden, indem man (evtl. nach Umformung einer Gleichung), die Variable in einer Gleichung durch einen gleichwertigen Term der anderen Gleichung ersetzt. z. B.

I $x + 2y = 9$ II $y = 12 - x \rightarrow$ (einsetzen in I)

$x + 2 \cdot (12 - x) = 9 \rightarrow x = 15 \rightarrow y = -3$

Elementarereignis 19

Die (nicht zusammengefassten) Ergebnisse eines Zufallsexperimentes werden als Elementarereignisse bezeichnet. Beim Würfeln sind z. B. „1"; „2"... Elementarereignisse.

Ereignis 19

Ereignisse können Elementarereignisse, aber auch zusammengefasste Elementarereignisse eines Zufallsexperimentes sein. Beim Würfeln z. B. „2"; „gerade Zahl".

Erwartungswert 31

Der Erwartungswert eines Zufallsexperimentes ist derjenige Wert, der sich bei sehr häufiger Durchführung des Experimentes mit großer Wahrscheinlichkeit als Mittelwert ergibt. Zum Beispiel kann man beim Würfeln im Durchschnitt eine Augenzahl von 3,5 erreichen.

Exponent (Hochzahl)

(vgl. Potenz)

F

Faktor 26

Die Bestandteile einer Multiplikation heißen Faktoren: Faktor · Faktor = Produkt.

Faktorisieren 26

Eine Termumformung, bei der man Summen oder Differenzen in Produkte umwandelt, nennt man Faktorisieren. Man unterscheidet drei Fälle: Ausklammern; Faktorisieren mithilfe binomischer Formeln und Faktorisieren mithilfe anderer Binome.

Fläche 9; 13; 16; 18

Flächeninhalt 9; 16; 18

(Einheiten und Umrechnungen vgl. Tabelle im Anhang)

Folge 28

Ist jeder natürlichen Zahl n in eindeutiger Weise eine Zahl zugeordnet, so bezeichnet man diese Zuordnung als Folge. Ein Beispiel ist die Folge der Quadratzahlen $f(n) = n^2$.

Folge, rekursiv definiert 28

Eine Folge heißt rekursiv definiert, wenn sich die Folgenwerte aus den Vorgängerwerten berechnen lassen.

Funktionsgleichung 29.1; 29.2

Manche Funktionen, wie z. B. lineare oder proportionale Funktionen können durch Gleichungen beschrieben werden. (vgl. lineare Funktion; Proportionalität)

G

ganze Zahl 32

Die natürlichen Zahlen und ihre negativen Gegenzahlen (einschließlich Null) nennt man auch ganze Zahlen.

Gerade 12.2

Eine Gerade ist eine in beiden Richtungen unendlich verlängerte Strecke.

Geradengleichung 20; 29.1; 34

(vgl. lineare Gleichung)

Geradensteigung 4; 20

(vgl. Steigung einer Geraden)

Geschwindigkeit, durchschnittliche 25; 33

Gesetzmäßigkeit 9; 12.1

Viele Folgen oder Zusammenhänge zwischen Größen lassen sich als Gesetzmäßigkeiten in Worten oder mit Termen beschreiben.

ggT

(vgl. Teiler)

Gleichsetzungsverfahren 29.2

Ein lineares Gleichungssystem mit zwei Gleichungen und zwei Variablen kann gelöst werden, indem man (evtl. nach Umformung einer oder beider Gleichungen) die beiden gleichwertigen Terme gleichsetzt.

z.B.   I $7x - 5 = 2y$ II $2x + 5 = 2y$

$7x - 5 = 2x + 5$

$x = 2 \rightarrow y = 4,5$

Gleichung 3; 12.2; 13; 20; 23

Eine Gleichung ist die Verbindung zweier Terme mit einem Gleichheitszeichen.

Man kann Gleichungen verwenden, um Situationen mathematisch zu beschreiben.

Gleichung, lineare 12.2; 20; 29.2

(vgl. lineare Gleichung)

Gleichungssystem 29.2

Mehrere Gleichungen mit mehreren Variablen, die gleichzeitig erfüllt werden müssen, bezeichnet man als Gleichungssystem.

Gleichungssystem, lineares 29.2

(vgl. lineares Gleichungssystem)

gleichwertige Gleichungen 3; 29.1; 29.2

(vgl. äquivalent)

gleichwertige Terme 3; 29.2

Terme die bei jeder Einsetzung derselben Zahl den gleichen Wert liefern, sind gleichwertig. Sie beschreiben den gleichen Zusammenhang auf verschiedene Arten.

Graph 13; 20; 27

Mithilfe von Graphen kann man die Abhängigkeit zwischen zwei Größen im Koordinatensystem darstellen. Je nach Sachverhalt können Graphen aus isolierten Punkten, nicht zusammenhängenden oder durchgezogenen Linien bestehen.

Grundfläche 13; 16; 22

(vgl. Prisma).

Grundwert 5; 8

Der Grundwert bezeichnet das Ganze, also die Zahl oder Größe, von der ein Anteil in Prozent oder der Prozentwert zu einem bestimmten Prozentsatz berechnet wird.

H

Halbgerade 13

(vgl. Strahl)

Häufigkeit 31

Trifft ein Spieler 7 von 12 Bällen ins Tor, dann ist die Anzahl 7 die absolute Häufigkeit, mit der er trifft. Der Anteil an der Gesamtzahl wird auch relative Häufigkeit genannt. Er trifft also mit einer relativen Häufigkeit von $\frac{7}{12}$.

Hektar 7

Flächenmaß 1 ha = 10 000 m² = 100 m · 100 m

hekto

(s. Tabelle unter Stufenzahlen)

Heron-Verfahren 9

Quadratwurzeln können schrittweise genauer berechnet werden. Man spricht dabei von Iterationen. Ein solches Verfahren ist das Heron-Verfahren.

Höhe 15

Im Dreieck heißt die kürzeste Verbindungsstrecke von einem Eckpunkt zur gegenüberliegenden Dreiecksseite (oder ihrer Verlängerung) Höhe.

Hypotenuse 11

Im rechtwinkligen Dreieck heißt die Seite, die dem rechten Winkel gegenüberliegt Hypotenuse.

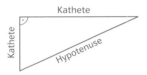

I

Inkreis 15

Die Winkelhalbierenden eines Dreiecks schneiden sich in einem Punkt, dem Mittelpunkt des Inkreises.

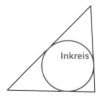

Innenwinkel 21

Die Winkel, die im Innern eines Dreiecks, Vierecks usw. liegen, werden Innenwinkel genannt. Sie werden der Reihe nach, aber gegen den Uhrzeigersinn mit griechischen Kleinbuchstaben bezeichnet. In allen Dreiecken ist die Innenwinkelsumme 180°.

irrationale Zahlen 32

Nicht abbrechende, nicht periodische Dezimalzahlen nennt man irrationale Zahlen. Beispiele sind π und $\sqrt{2}$.

K

Kapital 8

In der Zinsrechnung nennt man den Grundwert Kapital.

Katheten 11

(vgl. Hypotenuse). Im rechtwinkligen Dreieck heißen die beiden Schenkel des rechten Winkels Katheten.

Kennwert

Kennwerte helfen, große Datenmengen zu beschreiben. Zu den Kennwerten gehören arithmetisches Mittel, Zentralwert, Quartile, Minimum und Maximum.

kgV

(vgl. Vielfache)

kilo

(s. Tabelle unter Stufenzahlen)

Kombinationen 31

Kommutativgesetz

Beim Addieren ist es manchmal geschickt, Summanden zu vertauschen. Die Summe bleibt gleich. Diese Eigenschaft nennt man Kommutativgesetz. Algebraisch ausgedrückt: Für beliebige Zahlen a und b gilt: a + b = b + a. Analoges gilt für die Multiplikation.

kongruent 12.1; 12.2

Figuren, die sich in verschiedenen Lagen befinden aber durch Spiegelung, Drehung und Verschiebung zur Deckung gebracht werden können, nennt man kongruent.

Kongruenzsätze für Dreiecke 12.1; 12.2

Zwei Dreiecke sind kongruent, wenn sie in drei Stücken übereinstimmen: sss, sws, wsw

(vgl. Dreiecke, eindeutig konstruierbar).

Konstruktion 11; 12.1; 12.2; 15

Für geometrische Konstruktionen werden nur Zirkel und Lineal verwendet.

Konstruktionsbeschreibung 12.2

Eine Konstruktionsbeschreibung muss alle Konstruktionsschritte eindeutig und genau beschreiben, sodass jemand, der nur die Beschreibung liest und die Konstruktion nicht kennt, genau die gewünschte Konstruktion ausführen kann.

Koordinaten 12.2; 13; 20; 29.1

Koordinatensystem 4; 12.2; 13; 20; 27

Punkte können mit Koordinaten bezeichnet werden. (x | y) ist die Koordinatenschreibweise für die Lage eines Punktes im Koordinatensystem.

Ein (kartesisches) Koordinatensystem wird durch zwei senkrecht aufeinander stehende Achsen gebildet. (0|0) bezeichnet man als Ursprung. Die erste Koordinate gibt den horizontalen Abstand des Punktes zum Ursprung und die zweite Koordinate den vertikalen Abstand des Punktes zum Ursprung an.

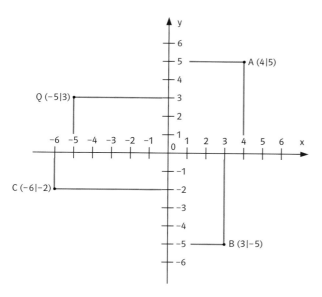

Körperhöhe 13; 16; 22

(vgl. Prisma)

Kreis 14; 15; 16; 18; 26

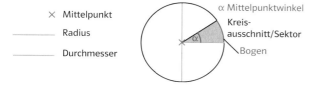

Kreisfläche 16; 18

Die Kreisfläche kann näherungsweise mithilfe der ägyptischen Methode berechnet werden. Den exakten Wert liefert die Gleichung: Kreisfläche = π · Radiusquadrat.

Kreislinie 14; 16

Kreisring 18

Kreisumfang 14; 16; 18; 26

Der Kreisumfang ist bei jedem Kreis etwa drei Mal so lang wie sein Durchmesser d. Exakt gilt u = π · d.

Kreiszahl 14; 18

Die Kreiszahl π beschreibt das Verhältnis $\frac{\text{Umfang}}{\text{Durchmesser}}$ und das Verhältnis $\frac{\text{Kreisfläche}}{\text{Radiusquadrat}}$. Ihr Wert ist ein nicht abbrechender, nicht periodischer Dezimalbruch, gerundet etwa 3,1415.

kubik-

Man bezeichnet Größen in der dritten Potenz auch mit der Vorsilbe Kubik- z. B., m³ „Kubik"meter

L

Längen 23

(Einheiten und Umrechnung vgl. Tabelle im Anhang)

Laplace-Experiment 19

Ein Zufallsexperiment, bei dem alle Elementarereignisse gleich wahrscheinlich sind, heißt Laplace-Experiment.

Laplace-Regel 19

Für die Wahrscheinlichkeit p eines Ereignisses bei einem Laplace-Experiment gilt:

$$p = \frac{\text{Anzahl der günstigen Elementarereignisse}}{\text{Anzahl der möglichen Elementarereignisse}}.$$

lineare Funktion 20; 27; 29.1; 34

Eine lineare Funktion stellt einen linearen Zusammenhang zwischen zwei Variablen oder Größen dar. Der Graph einer linearen Funktion liegt auf einer Geraden. Alle Gleichungen linearer Funktionen sind lineare Gleichungen vom Typ y = a · x + b bzw. f(x) = a · x + b, wobei a die Steigung des Graphen angibt und (0|b) der Punkt ist, an dem der Graph die y-Achse schneidet.

lineare Gleichung 12.2; 20; 29.2; 27; 34

Der Zusammenhang zwischen x- und y-Koordinate aller Punkte einer Geraden im Koordinatensystem lässt sich beschreiben mithilfe einer linearen Gleichung, d.h. einer Gleichung der Form y = a · x + b.

lineares Gleichungssystem 29.2

Ein lineares Gleichungssystem enthält nur lineare Gleichungen, also Gleichungen, in denen die Variablen lediglich in der ersten Potenz vorkommen.

Lösungsverfahren für lineare Gleichungssysteme 29.2

Es gibt meist verschiedene Möglichkeiten, ein lineares Gleichungssystem zu lösen: grafisch oder rechnerisch. Aus der grafischen Lösung kann man die exakte Lösung (Koordinaten des Schnittpunkts der Graphen) oft nicht ablesen. Für die rechnerische Lösung gibt es mehrere Verfahren: Das Additionsverfahren, das Gleichsetzungsverfahren und das Einsetzungsverfahren. Allen gemeinsam ist die Idee, die Anzahl der Variablen zu reduzieren, eine Gleichung zu lösen und mithilfe dieser Lösung die nächste zu bestimmen.

Lot 11; 15

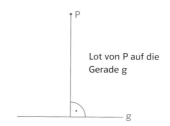

M

Mantel, Mantelfläche 22

(vgl. Prisma und Zylinder)

Masse 13

(Einheiten und Umrechnung vgl. Tabelle im Anhang)

Maßstab 21

Maßstab 1:200 bedeutet, dass 1mm in der Zeichnung 200 mm (= 20 cm) im Original entspricht.

Median

   (vgl. Zentralwert)

mega

   (s. Tabelle unter Stufenzahlen)

mikro

   (s. Tabelle unter Stufenzahlen)

milli 1

   (s. Tabelle unter Stufenzahlen)

Milliarde

   10^9

Mittelpunktwinkel 14

   (vgl. Kreis)

Mittelsenkrechte 15

   Die Gerade, die senkrecht auf der Mitte der Strecke zwischen zwei Punkten A und B steht, heißt Mittelsenkrechte der beiden Punkte. Alle Punkte, die gleichen Abstand von den beiden Punkten A und B haben, liegen auf der Mittelsenkrechten zu $\overline{AB}$.

Mittelwerte 4; 7; 31

   Verschiedene Werte bzw. Daten können durch Mittelwerte zusammengefasst werden. Geeignete Mittelwerte sind das arithmetische Mittel und der Zentralwert.

Modellieren 27; 34

   Modellieren bedeutet, eine Realsituation in ein (vereinfachtes) mathematisches Modell (wie Skizze, Tabelle, Term oder Gleichung) zu übertragen. Die Mathematik hilft dann beim Lösen des Problems. Die Lösung muss wieder in die Alltagssituation zurückübersetzt werden.

Multiplikation, multiplizieren 17

   Multiplizieren bedeutet malnehmen oder auch vervielfachen. Das Malnehmen heißt Multiplikation.

N

Näherungswert 9; 16

   (vgl. Näherungsverfahren)

Näherungsverfahren 9; 16

   Ein Berechnungsverfahren, das Annäherungen an die exakte Lösung liefert, nennt man Näherungsverfahren. Die Ergebnisse der Berechnungen sind Näherungswerte. Ein Beispiel für ein Näherungsverfahren ist das Heron-Verfahren.

natürliche Zahl 9

   Die Zahlen 1; 2; 3; 4 … heißen natürliche Zahlen. Manchmal wird auch die 0 dazu gezählt.

Nebenwinkel 21

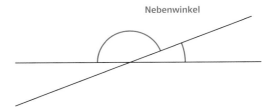

Nebenwinkel

   Nebenwinkel ergänzen sich zu 180°.

negative Zahl 9; 26

   Positive Zahlen und negative Zahlen unterscheiden sich durch das Vorzeichen. – 4 ist eine negative Zahl, + 3,5 eine positive.

   Multipliziert man zwei positive bzw. zwei negative Zahlen miteinander, so ist das Produkt positiv. Multipliziert man eine negative und eine positive Zahl miteinander, so ist das Produkt negativ.

Nenner

   (vgl. Bruch)

Netz 2

   Im Netz eines Körpers sieht man alle Seitenflächen in einer Ebene. Hier das Netz eines Dreiecksprismas:

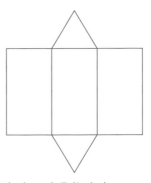

   (vgl. auch Zylinder)

Nullpunkt 13

   (vgl. Ursprung)

O

Oberfläche 22; 23

   Die Oberfläche eines Körpers ist die Summe der Flächeninhalte aller Begrenzungsflächen.

P

parallel 12.2

   Zwei Geraden oder Strecken, die zur selben Geraden senkrecht stehen, sind parallel.

   So kannst du parallele Geraden mit dem Geodreieck zeichnen.

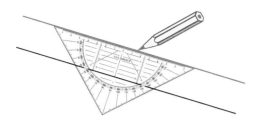

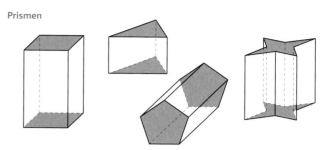

Prismen

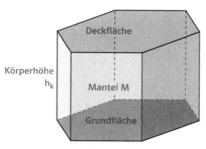

Parallelogramm 12.1; 24

Ein Viereck, bei dem die jeweils gegenüberliegenden Seiten parallel sind, heißt Parallelogramm.

Parkett 11; 24

Ein Parkett ist eine vollständige, überlappungsfreie Überdeckung der Ebene durch Vielecke.

Permutationen 19

Die möglichen Anordnungen verschiedener Elemente nennt man Permutationen. Bei drei verschiedenen Elementen (z. B. Buchstaben) gibt es $3! = 3 \cdot 2 \cdot 1 = 6$ mögliche Anordnungen.

Pfadregel 31

Anhand eines Baumdiagramms können die Wahrscheinlichkeiten einzelner Ereignisse eines Zufallsexperiments mithilfe der Pfadregel bestimmt werden: Die Wahrscheinlichkeiten entlang des Pfades werden multipliziert.

positive Zahl 9

(vgl. negative Zahl)

Potenz

Die mehrfache Multiplikation gleicher Faktoren schreibt man als Potenz: $a \cdot a \cdot a \cdot a = a^4$

allgemein mit n gleichen Faktoren a: a^n a heißt Basis und n Exponent

Es gilt für alle a: $\quad a^x \cdot a^y = a^{x+y}$

und für $a \neq 0$: $\quad\quad a^x : a^y = a^{x-y}$

Daher muss auch gelten: $a^1 = a$ und $a^0 = 1$.

Primfaktoren

Ist ein Faktor einer Zahl eine Primzahl, so spricht man vom Primfaktor. Jede natürliche Zahl, die nicht selbst Primzahl ist, lässt sich eindeutig als Produkt aus Primfaktoren darstellen.

Primzahl

Eine natürliche Zahl, die genau zwei verschiedene Teiler hat, heißt Primzahl.

Prisma 13; 22

Ein Prisma ist ein Körper, dessen Grundfläche ein Vieleck ist, dessen Grundfläche und Deckfläche kongruent sind und dessen Seitenflächen Rechtecke sind, die (beim geraden Prisma) senkrecht auf Grund- und Deckfläche stehen.

Die Seitenflächen bilden den sogenannten Mantel bzw. die Mantelfläche des Prismas.

Den Abstand zwischen Grund- und Deckfläche bezeichnet man als Körperhöhe.

Prisma, Volumen 22

Das Volumen V eines Prismas lässt sich mithilfe des Flächeninhalts G der Grundfläche und der Körperhöhe h_K berechnen: $V = G \cdot h_K$

Problemlösestrategien 6; 23

Produkt 17; 26

Das Ergebnis einer Multiplikation nennt man Produkt.

Promille

Promille bedeutet von Tausend. 10 ‰ = 10 Promille = 1 Prozent.

Proportionalität, proportionale Zuordnung 5; 13; 14; 16; 27

Mit Proportionalitätstabellen lassen sich viele Situationen im Alltag mathematisch beschreiben.

Proportionalitätstabellen haben folgende Eigenschaften:

(1) Verdoppelt (verdreifacht, vervierfacht, …) man eine Größe in der ersten Spalte, so verdoppelt (verdreifacht, vervierfacht, …) sich auch die entsprechende Größe in der anderen Spalte.

(2) Halbiert (drittelt, viertelt,…) man eine Größe in der ersten Spalte, so halbiert (drittelt, viertelt,…) sich auch die entsprechende Größe in der anderen Spalte.

(3) Addiert (subtrahiert) man zwei Größen in der einen Spalte, so addiert (subtrahiert) man auch die entsprechenden Größen in der anderen Spalte.

(4) Das Verhältnis zweier zugeordneter Größen ist immer gleich. Das Verhältnis wird auch Proportionalitätskonstante genannt.

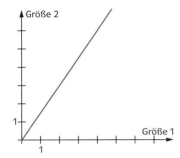

(5) Die Punkte des Graphen einer proportionalen Zuordnung liegen auf einer Geraden durch den Ursprung.

(6) Die Proportionalitätskonstante entspricht der Steigung des Graphen.

(7) Die Gleichung der proportionalen Zuordnung hat die Form y = m · x. m ist die Proportionalitätskonstante.

Prozent 4; 5; 8; 19

Prozent bedeutet pro hundert Teile.

1 Prozent = 1 % = $\frac{1}{100}$

Prozentsatz 5; 8

Gibt man Anteile in Prozent an, dann spricht man von Prozentsätzen.

Prozentwert 5; 8

Bei festem Grundwert Gw ist der Prozentwert Pw proportional zum Prozentsatz Ps: Pw = Gw · Ps

Punkt 12.2; 15

Zwei nicht parallele Geraden schneiden sich in einem Punkt.

Punktsymmetrie 22; 28

Das Zentrum der Punktsymmetrie heißt Symmetriepunkt. Die Punktspiegelung entspricht der Drehung um 180°.

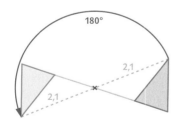

Pyramide 2

Pythagoras, Satz des 11

„In einem rechtwinkligen Dreieck ist die Fläche des Quadrates über der Hypotenuse genau so groß wie die Summe der Flächen der Quadrate über den Katheten."

Q

Quader 16

Ein Prisma mit rechteckiger Grundfläche heißt Quader.

Quadrant 20

Die beiden Achsen teilen das rechtwinklige (kartesische)

Koordinatensystem in vier Quadranten.

Quadrat 2; 9; 11

Ein Rechteck mit vier gleich langen Seiten heißt Quadrat.

Quadratwurzel 9

Ist A die Flächenmaßzahl des Quadrates, dann ist $\sqrt{A}$ die Maßzahl der Seitenlänge. $\sqrt{A}$ ist also die nicht negative Zahl, die mit sich selbst multipliziert A ergibt.

Quadratzahl

Eine Zahl heißt Quadratzahl, wenn sie sich als Produkt von zwei gleichen Faktoren darstellen lässt, z. B. 25 = 5 · 5

Quartil, unteres Quartil, oberes Quartil, Quartilabstand

Der Wert, der das untere Viertel der Daten einer Rangliste begrenzt, heißt unteres Quartil q_u, der Wert, der das obere Viertel begrenzt, heißt oberes Quartil q_o. Der Unterschied zwischen q_u und q_o heißt Quartilabstand q.

Mindestens 25 % aller Daten sind kleiner oder gleich q_u.

Mindestens 50 % aller Daten liegen zwischen q_u und q_o.

Quotient 12.2

Das Ergebnis einer Division nennt man Quotient.

R

Radikand 9

Die Zahl unter dem Wurzelzeichen wird Radikand genannt.

Radius 14

(vgl. Kreis)

Rangliste

Eine Liste, in der die Daten einer Erhebung der Größe nach sortiert sind, heißt Rangliste.

Rauminhalt 22

Man kann den Rauminhalt (das Volumen) eines Körpers durch Vergleich mit Einheitswürfeln bestimmen.

rationale Zahlen 32

Alle Zahlen, die sich als Bruch (d.h. als Verhältnis oder „ratio") schreiben lassen, heißen rationale Zahlen.

Rechteck

Ein Viereck mit 4 rechten Winkeln heißt Rechteck.

Der Umfang eines Rechtecks ist die Summe aller Seitenlängen.

rechtwinklig 11

Zueinander senkrechte Geraden oder Strecken bilden rechte Winkel.

Ein Dreieck heißt rechtwinklig, wenn es einen rechten Winkel hat.

reelle Zahlen 32

Die Menge, die aus allen rationalen und irrationalen

Zahlen besteht, nennt man die Menge der reellen Zahlen. Sie wird mit $\mathbb{R}$ bezeichnet.

regelmäßige (reguläre) Vielecke 24

Ein Dreieck, Viereck, … bzw. Vieleck mit lauter gleich langen Seiten und gleich großen Innenwinkeln heißt regelmäßiges (reguläres) Dreieck, Viereck, … bzw. Vieleck. Regelmäßige Dreiecke heißen auch gleichseitige Dreiecke.

relative Häufigkeit 31

Den Anteil der absoluten Häufigkeiten an der Gesamtzahl der Versuche nennt man relative Häufigkeit.

S

Scheitelwinkel 21

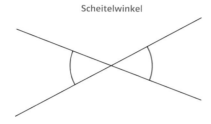

Scheitelwinkel

Scheitelwinkel sind gleich groß.

Schnittpunkt zweier Geraden 29.1; 29.2

Die Koordinaten des Schnittpunkts zweier Geraden im Koordinatensystem sind diejenigen Werte für die Variablen, die beide Geradengleichungen erfüllen. Sie können berechnet werden, indem man das lineare Gleichungssystem aus den beiden Geradengleichungen löst.

Schrägbild 2

Körper zeichnet man im Schrägbild um einen räumlichen Eindruck zu bekommen.

Schwerpunkt 15

Die Seitenhalbierenden eines Dreiecks schneiden sich in einem Punkt, dem Schwerpunkt des Dreiecks.

Seitenhalbierende 15

Die Seitenhalbierende einer Dreiecksseite liegt auf der Geraden, die den Mittelpunkt der Seite mit der gegenüberliegenden Ecke verbindet.

Sektor 14

(vgl. Kreis)

senkrecht 12.2

Geraden oder Strecken, die so zueinander liegen wie die Mittellinie und die lange Seite des Geodreiecks, sind zueinander senkrecht.

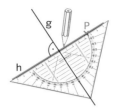

So zeichnest du senkrechte Strecken mit dem Geodreieck.

Skala 12.2

Spannweite

Der Abstand zwischen Minimum und Maximum einer Datenreihe heißt Spannweite.

Steigung 4; 12.2; 13; 20

Steigungen können in Prozent, durch Verhältnisse (als Bruch) oder durch den Neigungswinkel (bzw. Steigungswinkel) angegeben werden.

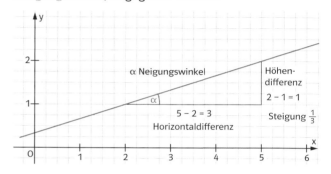

Die Steigung einer Geraden lässt sich als Verhältnis aus Höhendifferenz und Horizontaldifferenz ausdrücken.

Steigungsdreieck 4

(vgl. Steigung)

Steigungswinkel 4

(vgl. Steigung)

Steigung einer Geraden 4; 12.2.; 13; 20

(vgl. Steigung)

Steigung einer Halbgeraden 13

(vgl. Steigung einer Geraden)

Stellenwerttafel

Im Kopf der Stellenwerttafel werden die Stufenzahlen eingetragen.

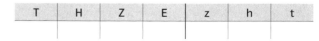

T	H	Z	E	z	h	t

Strahl 13

Verlängert man eine Strecke $\overline{AB}$ beliebig weit über ihren Endpunkt B hinaus, so erhält man einen Strahl mit dem Anfangspunkt A.

Strecke

Eine Strecke ist die geradlinige Verbindung von zwei Punkten.

Strichliste

stückweise lineare Funktion 34

Eine Funktion, die in verschiedenen Abschnitten durch unterschiedliche lineare Funktionen beschrieben wird, nennt man stückweise lineare Funktion.

Stufenwinkel 21

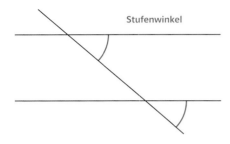
Stufenwinkel

Schneidet eine Gerade zwei parallele Geraden, so gilt: Stufenwinkel sind gleich groß.

Stufenzahlen 1

Stufenzahlen	Vorsilben und ihre Bedeutung
1 000 000	M = Mega = Million
1 000	k = kilo = Tausend
100	h = hekto = Hundert
10	da = deka = Zehn
1	
0,1	d = dezi = Zehntel
0,01	c = zenti = Hundertsel
0,001	m = milli = Tausendstel
0,000 001	µ = mikro = Millionstel

subtrahieren, Subtraktion 21

Subtrahieren bedeutet, eine Zahl von einer anderen abzuziehen.
Das Abziehen heißt Subtraktion.

Summand 26

Die Bestandteile einer Addition heißen Summanden.

Summe 17; 26

Das Ergebnis einer Addition nennt man Summe.

Symmetrie; symmetrisch 20

Figuren können verschiedene Symmetrien aufweisen: Achsensymmetrie, Drehsymmetrie, Punktsymmetrie; Verschiebung

Symmetrieachse

(vgl. Achsensymmetrie)

Symmetriezentrum

(vgl. Punktsymmetrie)

T

Teilbarkeit

Eine Zahl ist genau dann durch 3 bzw. 9 teilbar, wenn ihre Quersumme durch 3 bzw. 9 teilbar ist.

Teiler

Ist eine natürliche Zahl ohne Rest durch eine andere natürliche Zahl teilbar, so ist diese Zahl Teiler der Zahl. Zwei Zahlen können gemeinsame Teiler haben, wie z. B. 5 und 15 gemeinsame Teiler von 15 und 30 sind. Unter den gemeinsamen Teilern gibt es einen größten, den größten gemeinsamen Teiler, abgekürzt: ggT.

Term 3; 17; 28

Terme sind Rechenausdrücke aus Zahlen, Rechenzeichen und evtl. Klammern. Manchmal stehen auch Variablen (Buchstaben) für Zahlen. Die Gesetze, die für das Rechnen mit Zahlen gelten, gelten auch für das Rechnen mit Termen.

Tetraeder 2

Tetraeder sind spezielle Pyramiden mit vier kongruenten, gleichseitigen Dreiecken als Seitenflächen.

Thales, Satz des 21

„Jeder Winkel im Halbkreis ist ein rechter Winkel."

Trapez 12.1

Ein Viereck mit zwei parallelen Seiten heißt Trapez.

Trillion

10^{18}

Trilliarde

10^{21}

U

Überschlagsrechnung 1; 7

Bei einer Überschlagsrechnung rechnet man mit einfachen, gerundeten Zahlen, um eine Vorstellung von der Größenordnung des Ergebnisses zu bekommen.

Umfang 14; 26

Der Umfang einer geschlossenen Figur ist die Summe aller Seitenlängen.

umgekehrt proportional

(vgl. antiproportional)

Umkreis 15

Die Mittelsenkrechten eines Dreiecks schneiden sich in einem Punkt, dem Mittelpunkt des Umkreises.

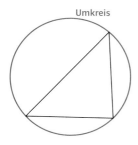

Umkreis

Urliste

Eine ungeordnete Zusammenstellung gemessener oder beobachteter Werte nennt man Urliste.

Ursprung 12.2

(vgl. Koordinatensystem)

V

Variable 3; 17, 20

Buchstaben oder andere Zeichen, die für x-beliebige Zahlen stehen, nennt man Variablen.

vergrößern, verkleinern 12.2; 21

Vergrößerung, Vergrößerungsfaktor 12.2; 21

Vergrößert man eine Figur maßstäblich, dann spricht man auch im mathematischen Sinne von einer Vergrößerung. Um entsprechende Längen zu vergleichen, benutzt man den Begriff Vergrößerungsfaktor.

Verhältnis 4; 10; 12.2; 14; 18

Verhältnis 1:3 bedeutet beispielsweise 1 Teil Sirup auf 3 Teile Wasser. Vom Ganzen ist dann $\frac{1}{4}$ Sirup; verglichen mit der Wassermenge ist die Sirupmenge $\frac{1}{3}$.

Verkleinerung, Verkleinerungsfaktor 12.2; 21

(vgl. Vergrößerung, Vergrößerungsfaktor, entsprechendes gilt für die Verkleinerung)

Verschiebung 20

Vielecke 18; 24

(vgl. auch regelmäßige Vielecke)

Vielfache

Multipliziert man eine Zahl mit 1; 2; 3; …, so entstehen die Vielfachen der Zahl. Zwei Zahlen können gemeinsame Vielfache haben, wie z.B. 10; 20; 30 … gemeinsame Vielfache von 5 und 10 sind. Unter diesen gibt es ein kleinstes gemeinsames Vielfaches, abgekürzt: kgV.

Viereck 18

Vier-Felder-Tafel 31

Eine Vier-Felder-Tafel dient zur Bestimmung von Wahrscheinlichkeiten zweistufiger Zufallsexperimente.

	6	Nicht 6	
6	$\frac{1}{36}$	$\frac{5}{35}$	$\frac{1}{6}$
Nicht 6	$\frac{5}{36}$	$\frac{25}{36}$	$\frac{5}{6}$
	$\frac{1}{6}$	$\frac{5}{6}$	1

vollkommene Zahl 10

Eine Zahl, bei der die Summe aller Teiler der Zahl, außer der Zahl selbst wieder die Zahl ergibt, heißt vollkommen, z.B. 6 = 1 + 2 + 3.

Volumen 13; 22; 23; 30

(vgl. Rauminhalt; Einheiten und Umrechnungen vgl. Tabelle im Anhang)

Vorzeichen

(vgl. negative Zahl)

W

Wahrscheinlichkeit 19

Führt man ein Zufallsexperiment sehr oft aus, dann liegt die relative Häufigkeit eines Ereignisses meist ganz nah bei einem festen Wert. Diesen Wert kann man für Vorhersagen (Prognosen) nutzen. Man nennt diesen festen Wert Wahrscheinlichkeit des Ereignisses.

Wechselwinkel 21

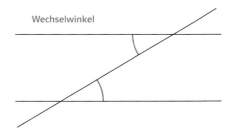

Wechselwinkel

Schneidet eine Gerade zwei parallele Geraden, so sind die entstehenden Wechselwinkel gleich groß.

Wert eines Terms

Wertetabelle 13; 20

Zusammenhänge zwischen Größen können in Wertetabellen festgehalten werden.

Winkel 4; 11; 12.1; 12.2; 21

Der volle Winkel ist unterteilt in 360 Grad.
Zwei Geraden, die senkrecht aufeinander stehen, bilden vier rechte Winkel, jeder von ihnen hat eine Winkelgröße von 90°.

Zwei Geraden, die nicht senkrecht aufeinander stehen, bilden zwei spitze Winkel mit weniger als 90° und zwei stumpfe Winkel mit mehr als 90°, aber weniger als 180°. Der gestreckte Winkel hat eine Größe von 180°, der überstumpfe Winkel ist größer als 180° und kleiner als 360°.

Winkelhalbierende 15; 21

Die Gerade, deren Punkte jeweils den gleichen Abstand zu beiden Schenkeln eines Winkels haben, heißt Winkelhalbierende.

Wurzel 9

(vgl. Quadratwurzel)

Wurzelziehen 9

Wurzelziehen (Radizieren) ist die Umkehrung des Quadrierens. $\sqrt{9} = \sqrt{3^2} = 3$

X

x-Achse 4; 12.2; 13; 20

(vgl. Koordinatensystem)

Y

y-Achse 4; 12.2; 13; 20

(vgl. Koordinatensystem)

y-Achsenabschnitt 20

Der Graph einer linearen Funktion mit der Gleichung $y = a \cdot x + b$ schneidet die y-Achse im Punkt $(0 \mid b)$. Man nennt b daher den y-Achsenabschnitt.

Z

Zahlenstrahl, Zahlengerade

Der Zahlenstrahl kann mit den negativen Zahlen zur Zahlengeraden erweitert werden.

Negative Zahlen | Positive Zahlen

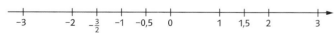

Zähler

(vgl. Bruch)

Zehnerpotenz

Potenzen mit der Basis 10 werden benutzt um große Zahlen vereinfacht darstellen zu können (vgl. auch Milliarde, Billion, Billiarde, …)

zenti

(s. Tabelle unter deka)

Zentralwert

Man bestimmt den Zentralwert, indem man den Wert heraussucht, der in der Mitte der nach Größe geordne-

ten Werte liegt. Bei lauter verschiedenen Werten sind dann gleich viele Werte kleiner und gleich viele größer als der herausgesuchte Wert. Kann man die Mitte nicht genau bestimmen, so nimmt man das arithmetische Mittel der beiden mittleren Werte. Gelegentlich wird der Zentralwert auch Median genannt.

Zinsen 8

In der Zinsrechnung nennt man den Prozentwert Zinsen.

Zinsrechnung 8

Bei Bankgeschäften mit Zinsen rechnet man wie bei der Prozentrechnung.

Zinssatz 8

In der Zinsrechnung nennt man den Prozentsatz Zinssatz.

Zufallsexperiment 19; 31

Ein Experiment, dessen Ausgang nicht genau vorhergesagt werden kann, heißt Zufallsexperiment. Beispiele sind Würfeln, Münze werfen, Glücksrad drehen …

Zuordnung 13; 14

Wird einer Größe G_1 eine Größe G_2 zugeordnet, so spricht man von einer Zuordnung und schreibt $G_1 \mapsto G_2$. Ein Beispiel ist die Proportionalität.

zusammengesetzte Figuren 14

Flächen (oder Körper), die aus einfachen Teilflächen (oder Teilkörpern) zusammengesetzt sind, lassen sich berechnen, in dem man sie in bekannte Teilflächen (oder Teilkörper) zerlegt und diese berechnet.

Zusammenhang, funktionaler 13; 20; 27; 34

Zylinder 16; 22; 30

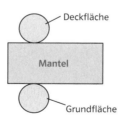

Deckfläche

Mantel

Grundfläche

Zylinder, Volumen 16; 22; 30

Bereits die Ägypter berechneten das Zylindervolumen näherungsweise (ägyptische Methode). Wie das Volumen des Prismas lässt sich auch das Zylindervolumen nach der Formel Grundfläche · Körperhöhe berechnen.

Geld
1000 € :10↑ ·10↓ 100 € :10↑ ·10↓ 10 € :10↑ ·10↓ **1 €** :10↑ ·10↓ 10 ct :10↑ ·10↓ **1 ct**

Gewichte (Massen)
1 t :10↑ ·10↓ 100 kg :10↑ ·10↓ 10 kg :10↑ ·10↓ **1 kg** :10↑ ·10↓ 100 g :10↑ ·10↓ 10 g :10↑ ·10↓ **1 g** :10↑ ·10↓ 100 mg :10↑ ·10↓ 10 mg :10↑ ·10↓ **1 mg**

Längen
1 km :10↑ ·10↓ 100 m :10↑ ·10↓ 10 m :10↑ ·10↓ **1 m** :10↑ ·10↓ **1 dm** :10↑ ·10↓ **1 cm** :10↑ ·10↓ **1 mm**

Flächenmaße
1 km² :100↑ ·100↓ 1 ha :100↑ ·100↓ 1 a :100↑ ·100↓ **1 m²** :100↑ ·100↓ **1 dm²** :100↑ ·100↓ **1 cm²** :100↑ ·100↓ **1 mm²**

Raummaße
1 km³ :1000↑ ·1000↓ **1 m³** :1000↑ ·1000↓ **1 dm³** = 1 l :1000↑ ·1000↓ **1 cm³** = 1 ml :1000↑ ·1000↓ **1 mm³**

Hohlmaße
10 hl :10↑ ·10↓ **1 hl** :10↑ ·10↓ 10 l :10↑ ·10↓ **1 l** = 1 dm³ :10↑ ·10↓ **1 dl** :10↑ ·10↓ **1 cl** :10↑ ·10↓ **1 ml** = 1 cm³

Zeit
1 Tag :24↑ ·24↓ **1 h** :60↑ ·60↓ **1 min** :60↑ ·60↓ **1 s** :10↑ ·10↓ $\frac{1}{10}$ S :10↑ ·10↓ $\frac{1}{100}$ S :10↑ ·10↓ $\frac{1}{1000}$ S